财经类专业"十四五"规划新形态教材

Python大数据基础

主　编　潘中建　朱丹璇　周　昕

副主编　季玉环　王　露　于　婷
　　　　严一欣　于亚娜　金书羽

U0250887

立信会计出版社

图书在版编目(CIP)数据

Python 大数据基础 / 潘中建，朱丹璇，周昕主编.

上海：立信会计出版社，2024.6. -- ISBN 978-7-5429-7629-1

Ⅰ. TP311.561

中国国家版本馆 CIP 数据核字第 20244NR270 号

策划编辑　　王斯龙
责任编辑　　王斯龙
助理编辑　　郑文婧
美术编辑　　吴博闻

Python 大数据基础

Python DASHUJU JICHU

出版发行	立信会计出版社		
地　　址	上海市中山西路 2230 号	邮政编码	200235
电　　话	(021)64411389	传　　真	(021)64411325
网　　址	www.lixinaph.com	电子邮箱	lixinaph2019@126.com
网上书店	http://lixin.jd.com		http://lxkjcbs.tmall.com
经　　销	各地新华书店		

印　　刷	常熟市人民印刷有限公司		
开　　本	787 毫米×1092 毫米		1/16
印　　张	15.75		
字　　数	384 千字		
版　　次	2024 年 6 月第 1 版		
印　　次	2024 年 6 月第 1 次		
书　　号	ISBN 978-7-5429-7629-1/TP		
定　　价	49.00 元		

前　　言

随着以大数据、人工智能为代表的新一代信息技术的迅速发展,数字经济已经成为引领全球经济社会变革、推动我国经济高质量发展的重要引擎。党的二十大报告指出,要加快发展数字经济,促进数字经济和实体经济深度融合。国家战略影响企业发展,企业发展决定人才需求,人才需求决定教育教学改革方向。

2021 年 3 月,教育部发布了《职业教育专业目录(2021 年)》,职业教育财经类专业升级和数字化改造全面展开,财经类专业人才的素质结构、能力结构、技能结构亟须调整。在这样的背景下,新专业建设成为构建新发展格局、建设数字中国和数字经济、服务现代产业建设的重要途径和基础性措施,传统行业也开始向智能化时代迈进。

本书立足于财经类专业岗位群工作职责与职业素养,从大数据分析岗位应用技能出发,向学生普及大数据的基础知识,使学生能够了解大数据的基本概念、基本技术和应用场景,理解大数据分析的基本原理和方法,并能够应用大数据分析方法解决本专业的相关问题。

本书的主要内容包括:

(1) Python 语言基础,包括 Python 大数据认知、Python 程序基本语法、高级数据类型、Python 条件语句、Python 循环语句、函数等内容。

(2) Python 大数据分析,包括 Pandas 数据结构、数据的查增删改、数据清洗、数据统计分析、数据可视化、Python 大数据分析综合实训。

(3) Python 网络爬虫与数据库基础。

如何让财经类专业教师能讲 Python、会讲 Python,如何让财经类专业学生学会编程、学好编程,以及如何培养学生的逻辑思维、数据分析思维,都是当下院校关注的重点工作问题。要解决这些问题,选择一本合适的教材非常关键。本书的讲义经过了两年的校内教学实践,内容得到了完善和改进,更加适合教师教、学生学。本书具有以下几个特点:

(1)内容针对性强,结构合理。本书以 Python 语言基础和大数据分析为主,能够满足大数据背景下商科类专业对大数据技术教学的需求,内容由浅入深、层层递进,帮助读者构建系统的大数据分析思维,掌握大数据分析流程。

(2)实务操作性强,容易学习。本书由校企合作共同开发教材资源,以丰富的实际案例为导向,构建实际的应用场景,引出教学知识点,培养学生学习兴趣,鼓励学生在做中学、在学中做。

（3）践行课程思政。本书采用大量案例与编程相结合的方式,将爱国、敬业、诚信、友善等社会主义核心价值观与家国情怀、经世济民、守正创新等精神融入课程,帮助学生塑造正确的价值观,培养学生的职业素养。

本书由潘中建、朱丹璇、周昕担任主编,季玉环、王露、于婷、严一欣、于亚娜、金书羽担任副主编。具体分工如下:潘中建负责总体设计及案例编写,周昕、王露负责项目一、项目二和项目三的撰写,季玉环、于亚娜、金书羽负责项目四、项目五和项目六的撰写,潘中建负责项目七至项目十二的撰写,朱丹璇、于婷、严一欣负责项目十三、项目十四的撰写。

由于编者的水平和经验有限,本书可能存在疏漏与不妥之处,敬请广大读者批评指正,以期本书日臻完善。

编　者
2024 年 6 月

配套数据

目　　录

提高篇　Python 大数据分析

拓展篇 Python 网络爬虫与数据库基础

基础篇

Python 语言基础

项目一 Python 大数据认知

知识目标

- ◎ 了解大数据的含义及大数据处理流程
- ◎ 了解 Jupyter Notebook 的界面
- ◎ 了解标记、注释的使用
- ◎ 掌握程序的输入、输出

能力目标

- ◎ 能够下载、安装 Anaconda 软件
- ◎ 能够搭建 Jupyter Notebook 编程环境
- ◎ 能够使用 print()函数、input()函数

素养目标

- ◎ 培养学生软件的使用能力
- ◎ 建立人机交互的思维能力

任务一 大数据认知

一、大数据的含义与特征

1. 大数据的含义

大数据(big data)是指需要专门的处理模式才能使其具有更强的决策力、洞察力和流程优化能力的海量、高增长率和多样化的信息资产。它是海量的数据与现代化信息技术环境相结合涌现的结果。

大数据源于互联网的发展。互联网的运行产生了海量的信息数据,互联网的快速发展创造了大数据应用的规范化环境,而大数据计算技术完美解决了海量数据的收集、存储、计

算、分析的问题。

2. 大数据的特征

一般认为,大数据具有四个典型特征,即大量(volume)、多样(variety)、高速(velocity)和价值(value),简称为"4V"。

(1) 大量。大数据的首要特征就是数据规模大。随着互联网、物联网、移动互联技术的发展,人和事物的所有轨迹都可以被记录下来,数据呈现爆发式增长。

(2) 多样。大数据时代的数据类型多种多样,有数字、文本、图像、音频、视频、地理位置信息、网络日志等。通常,根据数据的特点,我们可以把大数据分为结构化数据、非结构化数据和半结构化数据三种。

结构化数据是具有统一的数据结构、规范的数据访问和处理方法的数据。企业销售系统数据、客户关系管理数据、库存数据、订单数据、财务数据等都是结构化数据,这些数据一般存放于关系型数据库中。结构化数据是二维形式的数据,类似于 Excel 中的数据,每一行数据的属性相同。

非结构化数据是指数据结构不规则或不完整、不能采用预先定义好的数据模型来表现的数据。常见的非结构化数据有办公文档、邮件、报表、图像、音频、视频信息等。以往的计算机技术很难理解非结构化数据,无论是存储、查询还是利用非结构化数据,都需要使用更加智能化的信息技术加以处理,需要在数据采集后对其内容进行提取、清洗、加工,将其转化为半结构化数据或结构化数据。

半结构化数据是介于结构化数据和非结构化数据之间的数据,互联网中的 XML 文件、HTML 文件就属于半结构化数据。

(3) 高速。大数据的高速体现在两个方面:第一,数据生成速度快和数据处理速度快。与报纸、书信等传统载体传播数据的方式不同,大数据的交换和传播主要是通过互联网和云计算等方式实现的,其传播数据的速度是非常迅速的。第二,大数据处理数据的响应速度快,如搜索引擎实时完成个性化推荐等。

(4) 价值。大数据的核心特征是价值。价值密度的高低和数据总量的大小成反比,即数据价值密度越高,数据总量越小;数据价值密度越低,数据总量越大。提取有价值的信息依托的是海量的基础数据,如何通过强大的机器算法更迅速地在海量数据中完成数据的价值提纯是当前背景下亟须解决的问题。

大数据最核心的价值是预测,而数据是真正有价值的资产。大数据、云计算等技术已渗透到各业务职能领域中,为数据资产提供技术支持手段。对海量数据进行存储和分析,把数学算法运用到海量数据中来预测事情发生的可能性,逐渐成为重要的生产因素。

二、大数据分析概述

1. 大数据分析的作用

在商业领域,基于大数据分析挖掘出对企业有用的信息,可以从这些信息中得出具体的执行计划,从而解决商业问题,即将大数据分析得出的结论与业务部门已有的经验相结合,更好地为企业经营服务。

大数据分析的作用具体有以下几点:

(1) 监测当前业务状况。企业可以在原始数据的基础上计算出一些关键的业务指标。

通过定时观察这些指标,可以知道业务发展是否符合预期,及早发现业务发展过程中的问题。

（2）发现商业背后的规律。数据分析人员可以利用各种统计分析方法去挖掘数据背后的因果关系和变化规律,根据规律制订计划。

（3）挖掘商机。企业可以利用产品数据发现客户的新需求,开发出有潜力的产品。

（4）预测未来走势。企业可以借助大数据分析预测产品未来的销量,从而优化库存和进货策略。

2. 大数据分析的基本处理流程

1）分析业务需求

数据分析人员要与业务运营部门或者公司领导进行沟通,了解实际的业务需求,明确数据分析要解决的问题。例如,企业希望通过数据分析发现有发展潜力的产品,并制订相应的销售计划。

2）获取数据

获取数据一般是指从企业内部数据库中读取数据。企业内部数据是指企业内部信息系统中的数据。它涵盖企业内部生产经营活动所产生的生产数据、销售数据、财务数据等。数据分析人员也常常需要从第三方平台获取外部数据。要获取什么数据是根据第一步分析业务需求的思路确定的。

3）探索数据

获取数据之后,数据分析人员可以查看数据的字段量、每个字段数据值的大致分布状况。如果获取的数据字段不能满足数据分析需求,就需要重新获取数据。这个步骤可以适当地使用数据可视化的方法,探索数据的规律。

4）预处理数据

获取到的原始数据往往存在异常、缺失和重复的情况,所以在使用数据之前,数据分析人员要对数据进行预处理。处理的方式有丢弃、补全等。

5）分析数据

分析数据是对已经完成预处理的数据运用各种数据分析方法,针对业务需求进行分析。分析数据的基本方法主要有比较分析法、分组分析法、结构比例分析法、计算汇总统计量分析法、交叉分析法。

6）数据可视化

数据可视化是指将大型的、集中的数据以图形、图像形式表示,并利用数据分析和开发工具发现其中未知信息的处理过程。数据可视化要明确阅读的人群,针对该人群的特点来绘制图表,并合理排版图表、使用适当的字体和颜色,以便于阅读。

3. 常用的大数据分析工具

当前,大数据核心技术工具主要有:大数据存储数据库工具、数据采集工具、数据分析与挖掘工具、数据可视化工具。商务数据分析主要采用下列工具:

（1）Excel。Excel 通过公式、透视表等可以进行较为常见的数据分析。

（2）SQL 数据库。SQL 数据库可以通过结构化查询、分析处理大量数据。

（3）Python 语言。Python 语言利用数据处理函数可以进行高级数据分析统计。

（4）可视化分析工具。可视化分析工具可以完成数据处理与图表呈现,如 Power BI。

任务二　搭建 Python 开发环境

Python 是由荷兰计算机程序员吉多·范罗苏姆于 1989 年设计的一种计算机语言。Python 提供了高效的高级数据结构，能简单有效地面向对象编程。Python 的语法和动态类型及其解释型语言的本质，使它成为多数平台写脚本和快速开发应用的编程语言。随着版本的不断更新和语言功能的添加，Python 逐渐被用于独立的大型项目的开发。Python 拥有丰富的标准库，能够提供适用于各个主要系统平台的源码或机器码。

类似文档编辑需要文字处理软件、图形编辑需要绘图软件一样，想要编写 Python 程序，也需要搭建相应的 Python 开发环境。本书选择 Anaconda 作为编写和执行 Python 数据分析代码的环境。下面将重点介绍如何安装和使用 Anaconda。

一、下载 Anaconda

使用者可以从本书提供的教学资源中获取 Anacodna 安装包，也可以在清华大学开源软件镜像站下载 Anaconda 安装包，其下载地址为：https://mirrors.tuna.tsinghua.edu.cn/anaconda/archive/。不同的操作系统所使用的 Anaconda 安装包也会不同，使用者需要根据自己计算机的操作系统来选择不同的安装程序，并且还需要注意 32 位和 64 位操作系统的区别。

二、安装 Anaconda

步骤 1：双击运行安装文件，打开 Anaconda 安装向导，点击"Next>"，如图 1-1 所示。

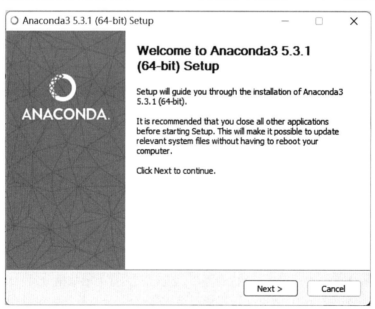

图 1-1　Anaconda 安装步骤 1

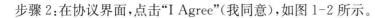

步骤 2：在协议界面，点击"I Agree"（我同意），如图 1-2 所示。

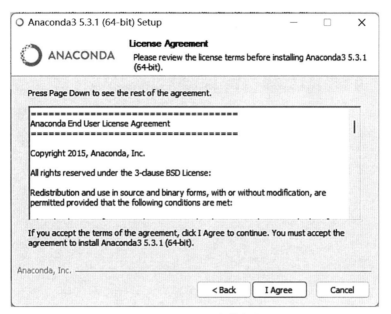

图 1-2　Anaconda 安装步骤 2

步骤 3：在选择安装类型界面，选择安装"All Users"（为该计算机所有用户使用），然后点击"Next＞"，如图 1-3 所示。

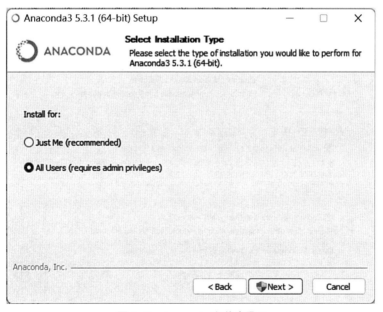

图 1-3　Anaconda 安装步骤 3

步骤 4：在安装路径设置界面可以选择 Anaconda 的安装路径，这一步可以根据自己的需要来设置，也可以选择默认安装路径。设置好安装路径后，继续点击"Next＞"，如图 1-4 所示。

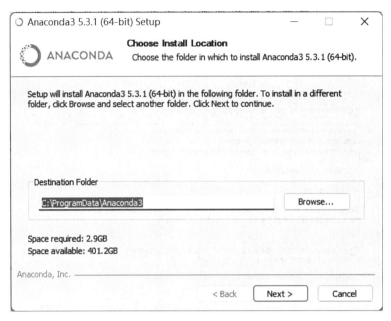

图 1-4　Anaconda 安装步骤 4

步骤 5：在高级安装选项界面中，勾选"Add Anaconda to the system PATH environment variable"（增加 Anaconda 至系统路径环境变量）和"Register Anaconda as the system Python 3.7"（默认 Anaconda 使用 Python 3.7 版本）两个复选框，点击"Install"开始安装 Anaconda，如图 1-5 所示。

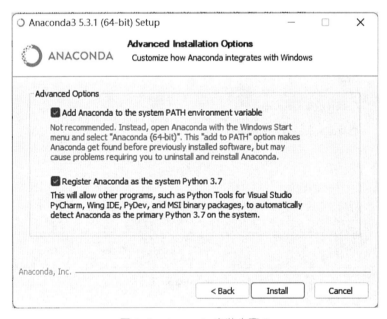

图 1-5　Anaconda 安装步骤 5

步骤 6：安装完成后，点击"Next＞"，如图 1-6 所示。

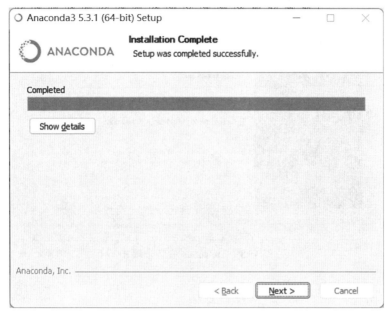

图 1-6　Anaconda 安装步骤 6

步骤 7：点击"Skip"，跳过 Microsoft VSCode 的安装，如图 1-7 所示。

图 1-7　Anaconda 安装步骤 7

步骤 8：此时，Anaconda 已经安装完成，安装完成界面的复选框含义分别是：了解更多 Anaconda 云和了解如何使用 Anaconda。此处可以先取消复选框的勾选，然后点击"Finish"完成安装，如图 1-8 所示。

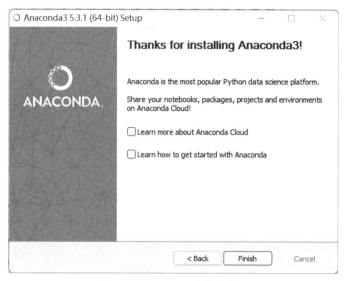

图 1-8 Anaconda 安装步骤 8

任务三 认识 Jupyter Notebook

Jupyter Notebook 是 Anaconda 集成环境中自带的代码编辑器,在计算机上安装好 Anaconda,默认就拥有了 Jupyter Notebook,不需要再另行下载和安装。本质上讲 Jupyter Notebook 是一个网页程序,它是以网页的形式打开的。但和普通网页不同的是,数据分析人员可以在 Jupyter Notebook 页面中直接编写和运行代码,代码的运行结果也会直接在网页中显示,这种操作 Jupyter Notebook 的过程叫作交互式编程。

对于数据分析来说,Jupyter Notebook 最大的优点是可以重现整个分析过程。它可以将数据分析中的一些说明性文字、程序代码、计算公式、图表展示和分析结论都整合在一个文档中,并且这个文档可以分享给他人,以便数据的使用者查看数据分析过程及分析结论。

一、启动 Jupyter Notebook

在开始菜单中,找到 Anaconda3 文件夹,点击 Jupyter Notebook,启动 Jupyter Notebook 环境。启动过程中,会弹出黑色的启动窗口(终端),如图 1-9 所示。同时也会在浏览器中打开 Jupyter Notebook 的主界面,如图 1-10 所示。

图 1-9 启动 Jupyter Notebook

图 1-10　Jupyter Notebook 的主界面

💡 **注意：**

　　之后在 Jupyter Notebook 中进行的所有操作，都请保持终端不要关闭，因为一旦关闭终端，就会断开与本地服务器的连接，将无法在 Jupyter Notebook 中进行其他操作。

二、认识 Jupyter Notebook 界面

　　在右侧点击"New"（新建），在下拉选项中选择"Python 3"，打开可编辑 Python 程序代码的界面，如图 1-11 所示。

图 1-11　打开可编辑 Python 程序代码的界面

　　Jupyter Notebook 的代码编辑界面主要由四部分构成，分别是：标题栏、菜单栏、工具栏及代码单元，如图 1-12 所示。

图 1-12　Jupyter Notebook 的代码编辑界面

　1. 标题栏

　　标题栏中显示 Jupyter Notebook 正在编辑的文件名称，未命名的程序名显示为"Untitled"。点击当前程序名称，可对程序进行重命名操作，如命名为"输入、输出"。

　2. 菜单栏

　　菜单栏位于标题栏下方，可以通过菜单栏中的功能对程序代码进行编辑、运行等操作。菜单栏的主要功能介绍如下。

"File"可以用于打开和存储文件,也可对文件重命名等。

"Edit"可以用于编辑单元格,如剪切、复制、粘贴、删除单元格等,其中许多功能都可以使用快捷键来实现。

"Insert"可以用于插入单元格。

"Cell"可以用于选择运行当前单元格、运行当前单元格之前或之后的内容。

"Kernel"可以用于中断或重启程序。

3. 工具栏

工具栏中的工具按钮都来自菜单栏。工具栏是菜单栏中使用非常频繁的菜单项的列示区域。在具体操作时,可以使用工具栏中的工具按钮,也可以直接在菜单栏中选择菜单项。工具栏的主要功能介绍,如图 1-13 所示。

图 1-13　工具栏的主要功能

4. 代码单元

Jupyter Notebook 文档由一系列单元(cell)组成,主要包括代码单元和标记单元。

(1) 代码(Code)单元。代码单元是 Jupyter Notebook 编写和执行代码的区域,整个程序编辑区域可由一至多个代码单元组成,每个代码单元可书写一至多行代码,可以通过按"Shift+Enter"组合键运行代码,其结果显示在本单元下方。此类型的单元以"In[ ]:"编号,方便使用者查看代码的执行次序。在代码单元中可以执行多种操作,如编写代码、展示数据分析结果等。

(2) 标记(Markdown)单元。代码单元中可以输入 Python 代码,也可以输入 Markdown 模式的文本。单击工具栏中的"Code"下拉菜单,即可在展开列表中选择"Markdown",将代码单元转换为标记单元,如图 1-14 所示。在标记单元中可以编辑文字,对程序功能或数据分析过程作详细说明。

图 1-14　"Code"下拉菜单

任务四　初识 Python 程序

一、编写程序

我们一起来学习如何使用 Jupyter Notebook 来编写一条欢迎同学们的程序。

1. 在 Jupyter Notebook 中编辑和运行代码

步骤 1：在 Jupyter Notebook 编辑界面中，选中代码单元，输入 Python 代码（注意标点符号均为英文状态）。代码如下：

```
print("欢迎进入 Python 大数据分析的学习!")
```

步骤 2：按下"Alt"+"Enter"组合键或者单击工具栏中的"运行"按钮，运行当前代码单元中的程序，其运行结果如图 1-15 所示。

图 1-15　运行结果

从图 1-15 中可以看到，在运行代码之后，其运行结果会显示在代码单元的下方，同时输入光标自动移动到了下一个新代码单元中。

在上述操作中，"print("欢迎进入 Python 大数据分析的学习!")"是用 Python 语言编写的一条代码。这条代码的写法类似于数学函数，即函数名后括号内可以输入参数。其中，print 可以称为 print 命令或 print 语句，其功能是将括号中的参数输出到屏幕上。

不同的代码有不同的写法，可以实现不同的功能，多行代码的组合可以完成一些特定功能，我们一般将多行代码的集合称为程序。在后面的项目中，我们将学习各种 Python 代码及代码的组合，以实现特定任务的功能要求。

提示：

（1）Jupyter Notebook 一般只返回最后一行代码的结果，如果希望返回多行代码的结果，要使用 print 语句输出。

（2）函数是一段可以复用的代码，用于执行指定的功能。调用函数时需要输入参数，图 1-5 所示的运行结果中，print() 就是一个函数，字符串"欢迎进入 Python 大数据分析的学习!"对应函数的第一个参数。

随堂练习：

打印"Hello World"。

2. 添加文字说明

下面利用代码单元的 Markdown 模式为上例的代码结果添加一条文字说明。

步骤 1：选中图 1-16 所示的第一行代码，在菜单栏中选择"Insert"—"Insert Cell Above"，在"print("欢迎进入 Python 大数据分析的学习!")"代码单元的上方插入一个新的代码单元。随后选中新插入的代码单元，单击工具栏中"Code"下拉菜单，在展开列表中选择"Markdown"，将此代码单元转换为标记单元。转换之后，在代码单元中输入的文字不再是 Python 程序代码。

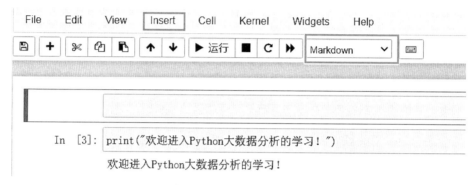

图 1-16　Markdown 步骤

步骤 2：在标记单元中，输入一个以"#"符号开头的文本。内容如下：

\#　初识 Python 程序

在 Markdown 模式下，"#"符号表示文本字体的大小，"##"则表示字体更小一号，依此类推。在使用时要注意"#"和文本内容之间要有空格。文本内容可以直接输入，但无法调整字体大小。

步骤 3：点击"运行"，即可看到在本程序中增加了文字说明内容，如图 1-17 所示。

图 1-17　运行结果

通过上述例子可以发现,在 Jupyter Notebook 的编辑页面中,既可以编写代码,同时也可以附上文字说明,还能展示运算结果,这样的特点使得 Jupyter Notebook 工具特别适合数据分析初学者使用。

二、添加注释

注释可以用来向用户提示或解释某些代码的作用或功能,它可以出现在代码中的任何位置。Python 在执行代码时会忽略注释,不做任何处理。添加的注释通常为以"♯"开头的文字说明,如图 1-18 所示。

初识Python程序

```
In [5]: #这是我写的第一行代码
        print("欢迎进入Python大数据分析的学习！")   #输出
        欢迎进入Python大数据分析的学习！
```

图 1-18　添加注释

当需要添加多行注释时,可以使用三个单引号(''')或三个双引号("""),在三个引号之间的内容全部作为注释,如图 1-19 所示。

```
In [6]: '''这是我写的第一行代码
           原来编程并不复杂
        '''
        print("欢迎进入Python大数据分析的学习！")
        欢迎进入Python大数据分析的学习！
```

图 1-19　多行注释

三、操作 Jupyter Notebook 文件

1. 程序文件的保存

点击工具栏的"保存"可手动保存程序文件,同时 Jupyter Notebook 也会进行自动保存,如图 1-20 所示。在 Jupyter Notebook 中编写的程序文件扩展名为".ipynb"。我们可以在菜单栏依次点击"File"—"Download as"—"Notebook(.ipynb)",将程序文件保存到指定位置下,以便后续使用。

2. 打开程序文件

对于已经写好的 Jupyter Notebook(.ipynb)代码,可以在菜单栏依次点击"File"—"Open",切换到 Jupyter Notebook 主界面(也可以在浏览器上选择"Home Page"返回主界面)。在主界面点击"Upload"上传文件,然后在相应的路径下选择需要打开的(.ipynb)程序

文件即可实现文件的上传,如图 1-21 所示。上传完成后,点击上传的文件,就可以在 Jupyter Notebook 中打开程序文件了。

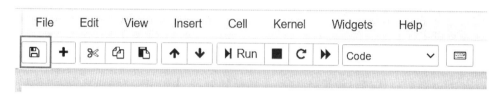

图 1-20　程序文件的保存

图 1-21　上传程序文件

任务五　输出与输入

从初识 Python 程序开始,我们已经使用 print()函数输出了一些字符,这就是 Python 的基本输出函数。除了 print()函数,Python 还提供了一个用于标准输入的函数 input(),该函数用于接收用户从键盘上输入的内容。下面将对这两个函数进行详细介绍。

一、使用 print()函数输出

在 Python 中,使用内置的 print()函数可以将结果输出。其基本语法格式如下:

print(value,...,sep=' ',end='\n',file=sys.stdout,flush=False)

从上面的语法格式可以看出,value 参数可以接受任意多个变量或值,因此 print() 函数可以输出多个值。

【例 1-1】　输出单个与多个字符串。

```
# 输出字符串
print("hello")
# 一次输出多个内容,用逗号分隔,输出结果中会用一个空格进行分隔
print("hello","world")
```

运行结果如下:

```
hello
hello world
```

由[例 1-1]可以看出，print()函数输出之后总会换行，这是因为 print()函数的 end 参数的默认值是换行符"\n"。如果希望 print()函数输出之后不会换行，则需重设 end 参数。

【例 1-2】　不换行输出。

```
print("hello",end = ",")
print("world")
```

运行结果如下：

```
hello,world
```

【例 1-3】　输出数值、表达式计算结果。

```
print(3)
print(3 * 8)    #   输出 3 * 8 的结果 24
print("3 * 8 = ",3 * 8)
```

运行结果如下：

```
3
24
3 * 8 = 24
```

提示：

在数学公式中，数字和加减乘除等运算符按照一定的规则组合构成一个计算公式表示某种数学运算。类似地，在程序中，数字或变量和运算符按照一定规则组合构成一个表达式，如[例 1-3]中"3 * 8"就是一个表达式。

二、使用 input()函数输入

Python 提供了内置函数 input()，用于接收用户从键盘输入的信息。其基本语法格式为：

```
variable = input("提示文字")
```

从上面的语法格式可以看出，variable 为保存输入结果的变量，双引号内的文字用于提示要输入的内容。如果没有输入提示信息，运行后只有光标在闪烁。执行该语句时，用户输入提示文字，按回车键结束输入，函数将输入的字符串赋值给变量 variable，即 variable 存储输入的字符串。

【例 1-4】 input()函数的使用。

```
name = input("请输入你的名字：")
print("你的名字叫：",name)
```

运行代码将出现如图 1-22 所示界面，等待用户输入。

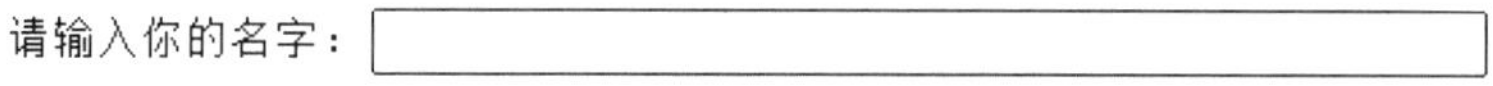

请输入你的名字：

图 1-22 例 1-4 运行界面

在对话框中输入"Python"后按回车键，输入结果将保存到 name 变量中，运行结果如下：

你的名字叫： Python

随堂练习：

编写代码实现以下功能：

输入账号：python，密码：123456，并输出。

在 Python 中，无论输入的是数字还是字符都将作为字符串读取。如果想要接收数值，需要对接收到的字符串进行类型转换。例如，通过 float()函数将字符串 s 转换为数值。

【例 1-5】 输入数据的类型转换。在 Jupyter Notebook 中根据表 1-1，使用 input()函数、print()函数计算小明的平均成绩。

表 1-1　　　　　　　　　　　　小明的成绩表

语文	数学	英语
86.5	79	90

```
#  float()函数将字符串转换为浮点数
Chinese = float(input("请输入小明的语文成绩："))
Math = float(input("请输入小明的数学成绩："))
English = float(input("请输入小明的英语成绩："))
Avg = (Chinese + Math + English)/3
print("小明的平均成绩为：",round(Avg,2))   #  round()函数取小数点后指定位数
```

运行结果如下：

请输入小明的语文成绩：86.5
请输入小明的数学成绩：79
请输入小明的英语成绩：90
小明的平均成绩为：85.17

拓展阅读

日 新 月 异

大数据的起源最早可以追溯到 20 世纪 50 年代,而 20 世纪 90 年代互联网的出现,开创了数据存储和分析的新篇章,数据的积累引发了各行各业对数据分析和利用的需求。近年来,随着云计算、物联网、移动互联网等新一代信息技术的快速发展,大数据处理的手段得到了创新和提高。曾经收集数据需要耗费大量的人力、物力,而移动互联网技术的发展使得千万级别和亿级别数据的快速收集已经成为现实。

例如,近年爆火的短视频社交平台会通过大数据分析用户的喜好、关注点和感兴趣的话题,从而主动为用户推送喜欢的内容,推荐爱好的产品和服务,深受大众的喜爱。

然而,在大数据"日新月异"的应用发展中,数据的质量、安全及隐私保护等方面的问题也凸显出来。因此,我们应当注意保护个人隐私信息,遵守个人信息保护的相关法律法规,严格落实数据安全和质量保证,防止数据泄露与滥用。

知行合一

一、选择题

1. 在 Python 中,下列注释的用法正确的是(　　　)。

　　A. ♯ 这是注释　　　　　　　　　　B. // 这是注释

　　C. '——这是注释　　　　　　　　　D. / * 这是注释 * /

2. Python 程序的文件扩展名为(　　　)。

　　A. txt　　　　　　B. lib　　　　　　C. dll　　　　　　D. py

3. 执行下列代码,正确的运行结果是(　　　)。

```
print("班级平均分为:",end = ")
print(round(3385/43,1))
```

　　A. "班级平均分为:"78.72　　　　　B. 班级平均分为:78.7

　　C. 班级平均分为:78.72　　　　　　D. "班级平均分为:"78.7

4. 执行下列代码,正确的运行结果是(　　　)。

```
abc = "world"
print("hello",abc)
```

　　A. helloworld　　　　　　　　　　B. "hello"world

　　C. hello world　　　　　　　　　　D. "hello",abc

5. 执行下列代码,正确的运行结果是(　　　)。

```
x = input('请输入 x =')        #  输入 1
y = input('请输入 y =')        #  输入 1
z = x + y
print('x + y =',z)
```

    A. x+y=2　　　　　B. x+y=11　　　　　C. 'x+y='2　　　　　D. 'x+y=',11

二、操作题

1. 下载 Anaconda 并安装成功。

2. 输入体重 45 千克,身高 1.5 米,计算并输出身体质量指数 BMI。

3. 输入原材料的月初库存 260 千克,本月入库量 100 千克,本月出库量 80 千克,计算并输出库存量。

项目二 **Python 程序基本语法**

知识目标

◎ 了解 Python 变量、数据类型和运算符的基本用法
◎ 理解字符串的定义和内置方法

能力目标

◎ 能够利用运算符的优先级进行运算
◎ 能够使用字符串的内置函数完成字符串的格式化操作

素养目标

◎ 培养学生对数据存储的应用能力
◎ 建立人机交互的思维能力

任务一　变　　量

一、变量命名

程序在读取数据之后往往会将数据赋值到一个或多个变量中去。变量是有名字的存储单元,直接赋值即可创建各种类型的变量。变量的命名一般遵循以下规则。

（1）变量名可使用字母、数字和下划线,但不能以数字开头。例如,可以将变量命名为 stu、stu_001、_stu001,但是不能命名为 001_stu。代码如下:

```
stu_001 ='name'    ♯   赋值创建变量
print(stu_001)
```

运行结果如下:

name

（2）变量名区分大小写，如变量 A 与变量 a 不同。

（3）变量名不宜太长，最好有一定的含义。例如，用 radius 与 area 分别表示圆的半径及面积就是比较好的命名方法。

（4）变量名不能使用 Python 保留字。

保留字也称关键字，是指被编程语言内部定义并保留使用的标识符。每种程序设计语言都有一套保留字，保留字一般用来构成程序整体框架、表达关键值和具有结构性的复杂语义等。程序员编写程序时不能定义与保留字相同的标识符。因此，掌握一门编程语言先要熟记其所对应的保留字。Python 保留字如表 2-1 所示。

表 2-1   Python 保留字

保留字				
and	elif	import	raise	del
as	else	in	return	if
assert	except	is	try	pass
break	finally	lambda	while	False
class	for	nonlocal	with	None
continue	from	not	yield	
def	global	or	True	

根据以上变量命名原则，a、x1、x12、xyz、name、age、student、tel、I_am_a_student 等变量名称是合法的，但 1x、123、X y 等不合法。

二、变量赋值

Python 中没有专门的变量定义语句，变量定义是通过对变量第一次进行赋值来实现的。变量定义的基本语法格式如下：

变量名 = 变量值

变量的赋值使用赋值符号"="，与数学公式中的等号"="含义是不同的。Python 中的变量需要定义之后才能访问，变量的值可以随时被修改，只要重新赋值即可。Python 属于动态数据类型语言，编译时不事先进行数据类型检查，而是在赋值时根据变量值的类型来决定变量的数据类型，因此不需要声明数据类型。

【例 2-1】 变量的赋值。

```
m = 1            ＃  对 m 第一次赋值，即定义变量，m 是整数
print(m)
m = "testing"    ＃  对 m 再次赋值，修改变量的值，m 是字符串
print(m)
m = 3.14 + 1     ＃  将表达式的运行结果赋值给变量，m 是浮点数
print(m)
print(type(m))＃  通过内置函数 type() 返回变量类型
```

运行结果如下：

```
1
testing
4.14
<class'float'>
```

任务二　基本数据类型

Python 中常见的数据类型有数值、字符串、列表、字典、元组、集合等。数值和字符串是两种基本数据类型，列表、字典等属于高级数据类型。本任务将重点介绍两种基本数据类型。

一、数值

在 Python 中，数值类型有如下几种：

（1）整型(int)即整数。Python 可以处理任意大小的整数(包括负整数)。整型在程序中的表示方法与数学上一致，如 1、—2、10。

（2）浮点型(float)即小数，如 10.12。商务数据一般是保留两位小数的浮点数。

（3）布尔值(bool)只有 True 和 False 两个值。可以理解为布尔值是特殊的整型(True $=1$, False$=0$)，布尔值一般产生于成员运算符、比较运算符、逻辑运算符。

【例 2-2】　检测数据类型。

```
a = 8
print(type(a))    #    使用 type()函数查看数据的类型
b = 11.2
print(type(b))
c = True
print(type(c))
```

运行结果如下：

```
<class'int'>
<class'float'>
<class'bool'>
```

二、字符串

字符串(string)即一串字符，属于文本型数据，是 Python 中最常用的数据类型。字符串是以英文单引号('')或英文双引号(" ")引起来的任意文本。

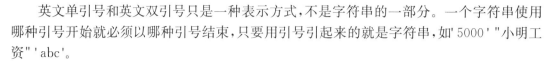

英文单引号和英文双引号只是一种表示方式，不是字符串的一部分。一个字符串使用哪种引号开始就必须以哪种引号结束，只要用引号引起来的就是字符串，如'5000' "小明工资" 'abc'。

1. 字符串的使用

字符串是一种字符的序列，序列中的每个元素都会分配一个数字，该数字称为索引值，也可以称为下标。字符串的索引如表2-2所示。

表2-2 字符串的索引

正索引	0	1	2	3	4	5
字符串	p	y	t	h	o	n
负索引	−6	−5	−4	−3	−2	−1

创建字符串"python"，一个字符就是长度为1的字符串，从左到右索引默认从0开始，依次往下为正索引；从右到左索引视为负索引，默认从−1开始，所有的字符都是按照这个规律添加数字标签，即索引值。

字符串可以使用[ ]获取字符串中的一个或多个字符，即字符串的索引与切片。

（1）索引：返回字符串中的单个字符，格式为：<字符串>[M]。

（2）切片：返回字符串中的一段字符子串，格式为：<字符串>[M:N]。

【例2-3】 字符串的使用。

```
print("python"[0])
print("python"[0:2])
```

运行结果如下：

```
p
py
```

2. 字符串的特殊字符

字符串中有一些特殊字符无法由键盘录入或者该字符已经被定义为其他用途，要使用这些字符就必须在字符前使用转义字符。

常用的转义字符如表2-3所示。

表2-3 常用的转义字符

转义字符	含义	转义字符	含义
\\	反斜杠	\n	换行符
\'	单引号	\r	回车
\b	退格键	\t	制表符

【例2-4】 转义字符。

```
print("这里有个双引号(\")")
print("换行\n(光标移动到下行首)")
```

24

运行结果如下：

这里有个双引号(")
换行
(光标移动到下行首)

3. 字符串的操作

假设变量 a=' python',b='大数据基础'。字符串的操作符描述及示例,如表 2-4 所示。

表 2-4　字符串的操作符描述及示例

操作符	描述	示例	结果
+	字符串连接,只能将字符串与字符串拼接	a+b	'python大数据基础'
*	重复输出字符串	a*2	'pythonpython'
[]	通过索引获取字符串中的字符	a[0]	'p'
[:]	截取字符串中的一部分(又称切片)	a[1:5]	'ytho'
in	成员运算符:如果字符串中包含给定的字符则返回 True	"基础" in b	True
not in	成员运算符:如果字符串中不包含给定的字则返回 True	"基础" not in b	False

提示:

在截取字符串 a[1:5]时,截取区间前闭后开,即前面是闭区间,后面是开区间,区间内包含字符 a[1],不包含字符 a[5]。

【例 2-5】　获取星期字符串。输入 1~7 的整数,表示星期几。输出整数对应的星期字符串。例如,输入 3,输出星期三。

```
weekStr = "星期一星期二星期三星期四星期五星期六星期日"
weekId = int(input("请输入星期数字(1~7):"))
请输入星期数字(1~7):3
pos = (weekId - 1) * 3
print(weekStr[pos:pos + 3])
```

运行结果如下：

星期三

使用字符串连接的方法如下：

```
weekStr = "一二三四五六日"
weekId = int(input("请输入星期数字(1~7):"))
print("星期" + weekStr[weekId - 1])
```

4. 字符串常用内置函数

假设变量 a=' python 大数据基础' 。字符串的常用内置函数描述及示例,如表 2-5 所示。

表 2-5　　　　　　　　　　字符串的常用内置函数描述及示例

内置函数	描述	示例	结果
. lower()	字符串内英文全部小写	a. lower()	' python 大数据基础'
. upper()	字符串内英文全部大写	a. upper()	'PYTHON 大数据基础'
. capitalize()	字符串内首字母大写,其他小写	a. capitalize()	'Python 大数据基础'
. strip()	用于移除字符串头尾指定的字符(默认为空格)	a. strip("基础")	'python 大数据'
len()	返回字符串的长度	len(a)	11
. replace()	将字符串中的旧字符串替换成新字符串	a. replace("基础","分析")	'python 大数据分析'
. split()	将字符串分割成序列,通过指定分隔符进行切片	a. split("大数据")	['python','基础']

三、数据类型的转换

通过 input() 函数从键盘接收的数据全部是字符串,当需要使用其他类型的数据时,要进行数据类型转换。在进行某些运算时,也需要将参与运算的数据转换为相同的数据类型,否则将会出错。

【例 2-6】　不同数据类型直接运算。

a = 10
b ='good'
print(a + b)

运行结果如图 2-1 所示,发生数据类型运算操作错误。

```
TypeError                                Traceback (most recent call last)
<ipython-input-3-a9abcbeae3ed> in <module>
      1 a=10
      2 b=' good'
----> 3 print(a+b)

TypeError: unsupported operand type(s) for +: 'int' and 'str'
```

图 2-1　[例 2-6]运行结果

整数或浮点数,通过 str() 函数把数值转换为字符串。例如,a = 10,b = 10.2,那么 str(a) 和 str(b) 的结果分别为字符串"10""10.2"。

字符串通过 int() 函数转换为整数,通过 float() 函数转换为浮点数。

【例 2-7】 数据类型的转换。

```
s = "10"
t = 10.2
print(s + str(t))
print(int(s) + t)
print(int(s) + int(t))
```

运行结果如下：

```
1010.2
20.2
20
```

四、格式化输出

格式化输出是指输出时将数据转换为固定的格式,可通过在 print() 函数中使用占位符对占位符进行赋值的方式实现。Python 中常见的占位符如表 2-6 所示。

表 2-6   Python 中常见的占位符

占位符	描述	占位符	描述
%s	任意字符占位符	%d	整数占位符
%f	浮点数占位符	.format()	使用{}进行占位

1. 整数格式化输出

【例 2-8】 整数格式化输出。

```
m = 12
print("%d" % m)      # 格式化字符串 %d 被变量 m 的值代替
```

运行结果如下：

```
12
```

2. 浮点数格式化输出

【例 2-9】 浮点数格式化输出。

```
m = 12.57432
print("%f" % m)
print("%.2f" % m)     # 指定小数点后的数字位数
```

运行结果如下：

```
12.574320
12.57
```

3. 字符串的格式化输出

【例 2-10】 字符串的格式化输出。

```
name = '小王'
mon = 2
print('%s 在学习 python'% name)
print('%s 的 %d 月份工资是 %.2f'%(name,mon,5000.5))
print('{}的{}月份工资是{:.2f}'.format(name,mon,5000.5))
```

运行结果如下:

```
小王在学习 python
小王的 2 月份工资是 5000.50
小王的 2 月份工资是 5000.50
```

任务三　运　算　符

一、算术运算符

算术运算符是完成基本算术运算的符号。假设变量 a＝10,b＝3,算术运算符的描述及示例如表 2-7 所示。

表 2-7　　　　　　　　　　　　算术运算符的描述及示例

运算符	描述	示例	结果
＋	两个对象相加	a＋b	13
－	两个对象相减	a－b	7
*	两个数相乘	a * b	30
/	a 除以 b	a/b	3.33…
%	除法的余数	a%b	1
**	a 的 b 次幂	a ** b	1000
//	取整除,商的整数部分	a//b	3

二、赋值运算符

最基本的赋值运算符是"＝",用来将一个表达式(在程序中,变量和运算符按照一定的规则组合就构成一个表达式)的值赋给另一个变量。赋值运算符的示例如表 2-8 所示。

表 2-8　　　　　　　　　　　　　赋值运算符的示例

运算符	示例	描述
＝	a＝10	a＝10
＋＝	a＋＝10	a＝a＋10
－＝	a－＝10	a＝a－10
＊＝	a＊＝10	a＝a＊10
/＝	a/＝10	a＝a/10
％＝	a％＝10	a＝a％10
＊＊＝	a＊＊＝10	a＝a＊＊10
//＝	a//＝10	a＝a//10

三、比较运算符

比较运算符也称关系运算符,用于对常量、变量或表达式的结果进行大小比较。假设变量 a＝10,b＝3,比较运算符的描述及示例如表 2-9 所示。

表 2-9　　　　　　　　　　　比较运算符的描述及示例

运算符	描述	示例	结果
＝＝	等于	a＝＝b	False
!＝	不等于	a!＝b	True
＞	大于	a＞b	True
＜	小于	a＜b	False
＞＝	大于等于	a＞＝b	True
＜＝	小于等于	a＜＝b	False

四、逻辑运算符

在逻辑运算中,通常使用布尔值(True、False)进行运算,若涉及整型和浮点型则遵循以下原则:数字 0 代表假,即 Fasle ;其他数字代表真,即 True。

假设变量 a＝True,b＝False,逻辑运算符的描述及示例如表 2-10 所示。

表 2-10　　　　　　　　　　　逻辑运算符的描述及示例

运算符	描述	示例	结果
and	a、b 均为真则返回真,否则返回假	a and b	False
or	a、b 只要有一个为真则返回真,否则返回假	a or b	True
not	a 为真,返回假;a 为假,返回真	not a	False

五、运算符优先级

与四则混合运算一样,多个运算符在 Python 的同一个表达式中出现时,也会涉及运算符的优先级问题。Python 运算符优先级顺序可以采用口诀"从左往右看,括号优先算,先乘除后加减,再比较,再逻辑"。表 2-11 列出了运算符优先级由高到低的顺序。

表 2-11　　　　　　　　　　　　　　　运算符优先级

优先顺序	运算符	描述
1	**	指数
2	*、/、%、//	乘、除、取模、取整除
3	+、-	加法、减法
4	<=、<、>、>=、==、!=	比较运算符
5	not、and、or	逻辑运算符

任务四　实训任务

【任务 2-1】　计算圆的周长和面积,圆的半径由用户输入。

```
r = float (input('请输入圆的半径:'))    #　用户提供数据
pi = 3.14                              #　圆周率
cir = 2 * pi * r                       #　圆的周长公式
area = pi * r * r                      #　圆的面积公式
print('圆的周长:%.2f'%cir)             #　保留 2 位小数
print('圆的面积:%.2f'%area)            #　保留 2 位小数
```

运行结果如下:

```
请输入圆的半径:4.1
圆的周长:25.75
圆的面积:52.78
```

【任务 2-2】　字符串综合训练。
```
s = "happy birthday"
#　字符串第一个字符大写
print('s 的第一个字符大写:%s'%(s.capitalize()))
#　字符串所有字符大写
print('s 的所有字符大写:%s'%(s.upper()))
#　字符串所有字符小写
print('s 的所有字符小写:%s'%(s.lower()))
#　将空格替换为"_"
print('将空格替换成_后:',s.replace (' ','_'))
```

```
t = s. replace (' ','_')
print("t 现在为：",t)
#  以_分割字符串,组成数组
print('以_分割字符串:',t.split('_'))
#  查看 t 的长度
print(len(t))
#  输出第 7~11 个字符
print(" % s" % t[6:11])
```

运行结果如下：

```
s 的第一个字符大写:Happy birthday
s 的所有字符大写:HAPPY BIRTHDAY
s 的所有字符小写:happy birthday
将空格替换成_后:happy_birthday
t 现在为:happy_birthday
以_分割字符串:['happy','birthday']
14
birth
```

 **拓展阅读**

大数据产业的崛起

随着互联网和数字技术的迅猛发展,大数据已经成为推动社会经济发展的重要力量。如今,在大数据领域,庞大的大数据资源规模,在助力我国社会经济增长、促进社会发展、提升科学研究成效等方面起到了积极作用。

现阶段,我国在大数据基础设施建设方面取得了重要成就,在大数据应用方面也取得了显著的进展。大数据技术被广泛运用于金融、医疗、零售等领域。例如,在金融领域,大数据技术被应用于对客户、企业的风险评估调查,进而分析投资决策,这大大提升了金融机构运营效率,有利于风险控制。在医疗领域,大数据产业对医疗资源优化起着重要的作用,提高了医疗服务的质量与效率。

但在大数据技术被广泛运用的背后,我们还要注重保护大数据资源的安全与隐私,不规范的大数据技术会导致人民和企业的利益受损,故此我国相关部门和企业加大了对大数据资源的安全和隐私保护等方面的治理力度。目前,我国已经出台了一系列的法律法规和技术标准,加强了对大数据的监管。我们应当树立正确的技能观,努力提高自己的职业技能,为社会和人民造福,绝不能运用大数据技术违法乱纪。

知行合一

课 后 练 习

一、选择题

1. 下列各项中,Python 变量命名正确的是( )。
   A. 1_abc   B. get_msg   C. print   D. abc_$"

2. 已知 x＝5,执行语句 x＋＝6,输出的结果为( )。
   A. 5   B. 6   C. 11   D. 11

3. 以下 Python 语句的输出结果是( )。

```
str01 = "ABCDEFG"
print(str01[4])
```

   A. "C"   B. "D"   C. "E"   D. "F"

4. 以下 Python 语句的输出结果是( )。

```
y = 5
x = y ** 2
y * = 2
x = = y
```

   A. 25   B. 10   C. True   D. False

5. 在 print()函数的输出字符串中可以将()作为参数,代表后面指定要输出的字符串。
   A. %d   B. %c   C. %s   D. %t"

6. 以下 Python 语句的输出结果是( )。

```
a = 100 + 1.21
print(type(a))
```

   A. <class 'int'>   B. <class 'float'>
   C. <class 'double'>   D. <class 'long'>

7. 以下 Python 语句的输出结果是( )。

```
x = 'car'
y = 2
print(x + y)
```

   A. 语法错误   B. 2   C. 'car2'   D. 'carcar'

8. 下列各项中,不属于数字类型的是( )。
   A. 整型   B. 浮点型   C. 复数型   D. 字符串型

9. 下列各项中,可以用来检测变量数据类型的是(   )。

    A. print()   B. type()   C. bin()   D. int()

10. 若 a＝7,b＝5,下列各项中,正确的是(   )。

    A. a//b 的值为 1.4   B. a/b 的值为 1

    C. a＊＊b 的值为 35   D. a％b 的值为 2

11. 以下 Python 语句的输出结果是(   )。

```
x = "123"
y = "456"
z = x + y
print(z[0:2])
```

    A. 12   B. 57   C. 123   D. 579

二、操作题

1. 已知 x＝345678,y＝23456,z＝1234,打印一个求 x－y－z＝N 的数学计算竖式(运行结果如下)。

```
    345678
-    23456
---------
    322222
-     1234
---------
    320988
```

2. 已知 a＝2,b＝3,编写一个程序实现两个变量的交换。

3. 编写一个程序,计算并输出某个学生的语文、数学、英语三门功课的总分和平均分(保留一位小数)。

4. 给定字符串"公司银行存款为 100000 元",利用字符串替换和切片,输出"银行存款:100000"。

5. 输入两个字符串"1a2b"和"3c4d",提取这两个字符串中的整数并求和,即 12＋34＝46。

项目三 高级数据类型

知识目标

◎ 掌握列表的定义及常用方法

◎ 掌握字典的定义及常用方法

能力目标

◎ 能够使用列表中的内置函数

◎ 能够使用字典中的内置函数

素养目标

◎ 培养学生的信息检索能力

◎ 培养学生良好的学习习惯

任务一 列 表

列表(list)是一组有序项目的数据结构,是 Python 语言中最常使用的数据类型之一。Python 中使用中括号[ ]来创建列表。在创建一个列表后,用户可以访问、修改、添加或删除列表中的项目,即列表是可变的数据类型。

一、列表的创建

列表可以将多个数据打包存储成一种数据类型,用[ ]标识,支持数字、字符串,并且可以包含列表(嵌套)。简单来说,列表就像一个容器,元素的个数不需要预先定义,可以存放不同类型的数据。列表是一种有序的集合,其内容和长度都可变,可以随时添加和删除其中的元素,列表中的元素使用逗号分隔。

【例 3-1】　创建列表。

```
list1 = []    ♯    创建空列表
list2 = ['Python','大数据','基础']
s = 'python'
print(list1)
print(list2)
print(list(s))    ♯    利用 list()函数将字符串 s 转换为列表
```

运行结果如下:

```
[]
['Python', '大数据', '基础']
['p', 'y', 't', 'h', 'o', 'n']
```

二、列表的操作

与字符串的操作类似,列表中的每个元素都对应一个索引号(索引号从 0 开始),可以对列表进行截取、访问等操作。假设:list1=['p','y','t','h','o','n'],list2=['基础'],列表操作符的描述及示例如表 3-1 所示。

表 3-1　　　　　　　　　　　　列表操作符的描述及示例

操作符	描述	示例	结果
+	拼接	list1+list2	['p', 'y', 't', 'h', 'o', 'n', '基础']
*	重复输出	list2 * 2	['基础', '基础']
[]	通过索引获取列表中的元素	list1[1]	'y'
[:]	截取列表中的一部分("切片"),前闭后开原则	list1[1:5]	['y', 't', 'h', 'o']
in	成员运算符:如果包含给定的元素则返回 True	'基础' in list2	True
not in	成员运算符:如果不包含给定的元素则返回 True	'基础' not in list2	False

使用索引可以获取列表元素,还可以修改列表中的元素。

【例 3-2】　列表元素的修改。

```
list1 = ['p','y','t','h','o','n']
list2 = ['Python','大数据','基础']
list1[0] = 'P'    ♯    改为大写
list2[1:3] = ['数据','分析']    ♯    通过切片修改
print(list1)
print(list2)
```

运行结果如下：

['P','y','t','h','o','n']
['Python','数据','分析']

三、列表常用内置函数

假设 s=[1,2,3,4,5],t=['a','b'],列表常用内置函数的描述及示例，如表 3-2 所示。

表 3-2　　　　　　　　　　　列表常用内置函数的描述及示例

函数	描述	示例	结果
len()	获取列表中元素的个数	len(s)	5
s. index(obj)	获取列表中指定元素的索引	s. index(1)	0
s. append(obj)	在列表末尾添加新的元素	s. append(6) s. append(t)	[1, 2, 3, 4, 5, 6] [1, 2, 3, 4, 5, ['a', 'b']]
s. extend(t)	在列表末尾一次性追加另一个序列中的多个元素	s. extend(t)	[1, 2, 3, 4, 5, 'a', 'b']
s. insert(index,obj)	将对象 obj 插入到列表 s 的第 index 元素处	s. insert(1,8)	[1, 8, 2, 3, 4, 5]
s. pop(obj=list[-1])	移除列表中的一个元素（默认为最后一个），并返回该元素的值	s. pop()	5
s. remove(obj)	移除列表中的某个值的第一个匹配项	s. remove(3)	[1, 2, 4, 5]
del s[index]	删除索引为 index 的元素	del s[2]	[1, 2, 4, 5]
s. sort([func])	对原列表进行排序	s. sort(reverse=True)	[5, 4, 3, 2, 1]

【例 3-3】 列表常用内置函数。

```
list1 = ['河南','河北','湖南','湖北']
list2 = ['广东','广西']
# 查找索引值 3 的元素
print(list1[3])
# 使用切片访问索引为 1 到最后的元素
print(list1[1:])
# 添加上海
list1.append('上海')
print(list1)
# 添加 list2
list1. extend(list2)
print(list1)
# 在索引 1 的位置添加福建
list1.insert(1,'福建')
print(list1)
```

```
# 移除最后一个
name = list1. pop()
print(list1,name)
# 移除湖南
list1.remove('湖南')
print(list1)
```

运行结果如下：

```
湖北
['河北', '湖南', '湖北']
['河南', '河北', '湖南', '湖北', '上海']
['河南', '河北', '湖南', '湖北', '上海', '广东', '广西']
['河南', '福建', '河北', '湖南', '湖北', '上海', '广东', '广西']
['河南', '福建', '河北', '湖南', '湖北', '上海', '广东'] 广西
['河南', '福建', '河北', '湖北', '上海', '广东']
```

> **随堂练习：**
>
> 补充下列代码：
>
> ```
> # 小王、小张、小李的年龄分别为 20、21、22
> stu = [['小王','小张','小李'],[20,21,22]]
> print("小王的年龄是：",_____)
> ```

任务二　字　　典

一、字典的创建

字典中的每个元素都是一对数据，称为键值对，可用于存储用户名和密码、联系人和电话号码等。在字典中，可以根据键查找到对应的值，字典的键不能重复。字典的键和值可以是任意数据类型，包括程序的自定义类型。

字典的主要特征如下：

（1）通过键而不是通过索引来读取。

（2）字典是任务对象的无序集合。

（3）字典中的键必须唯一。

（4）字典中的键必须不可变。

建立字典的基本语法格式如下：

```
dict = { key1:value1,key2:value2,...., keyn:valuen }
```

从上面的语法格式可以看出,每个键值对之间用逗号分开,键值对内部的键和值用冒号分开。整个字典用大括号括起,可以把字典看作键值对的集合。

字典是无序结构,访问其中的元素值(value)时不能通过索引,而应采用键(key)访问,键是区分元素值的唯一依据。字典的访问格式如下:

dict[keyn]   ♯   访问 keyn 对应的 value

【例 3-4】 字典的创建与访问。

```
dict1 = {'广东':"深圳",'四川':"成都",'贵州':"贵阳"}
print(dict1)
print(dict1['广东'])
```

运行结果如下:

```
{'广东':'深圳', '四川':'成都', '贵州':'贵阳'}
深圳
```

【例 3-5】 字典的新增与修改。

```
dict1 = {'广东':"深圳",'四川':"成都",'贵州':"贵阳"}
dict1['广东'] = "广州"   ♯   修改值
dict1['江苏'] = "南京"   ♯   新增键值对
print(dict1)
```

运行结果如下:

```
{'广东':'广州', '四川':'成都', '贵州':'贵阳', '江苏':'南京'}
```

二、字典的操作

假设 dict1={'广东':'广州', '四川':'成都', '贵州':'贵阳'},字典的操作描述及示例,如表 3-3 所示。

表 3-3   字典的操作描述及示例

函数	描述	示例	结果
dict.keys()	返回字典的所有键	dict1.keys()	dict1_keys(['广东', '四川', '贵州'])
dict.values()	返回字典的所有值	dict1.values()	dict1_values(['广州', '成都', '贵阳'])
dict.items()	返回字典的所有键值对	dict1.items()	dict1_items([('广东', '广州'), ('四川', '成都'), ('贵州', '贵阳')])
del dict[key]	删除 key 对应的键值对	del dict1['广东']	{'四川':'成都', '贵州':'贵阳'}
dict.pop(key)	删除 key 对应的键值对	dict1.pop('广东')	{'四川':'成都', '贵州':'贵阳'}

(续表)

函数	描述	示例	结果
key in dict	key 存在返回 True,否则返回 False	'广东' in dict1	True

【例3-6】 字典的操作练习。

```
dict3 = {'小锋':100,'小军':99}
# 打印字典的长度
print(len(dict3))
# 新增数据:小米  80
dict3['小米'] = 80
print(dict3)
# 修改小锋的成绩为98
dict3['小锋'] = 98
print(dict3)
# 删除小军的数据
del dict3['小军']
print(dict3)
# 输出字典的所有键
print(dict3. keys())
```

运行结果如下:

```
2
{'小锋':100, '小军':99, '小米 ':80}
{'小锋':98, '小军':99, '小米 ':80}
{'小锋':98, '小米 ':80}
dict_keys(['小锋', '小米 '])
```

 随堂练习:

补充下列代码:

```
stu = [{'姓名':'小王','年龄':20},
     {'姓名':'小张','年龄':21},
     {'姓名':'小李','年龄':22}]
print("小王的年龄是:",_____)
```

📚 知识拓展:

元组也是 Python 中的一种数据类型,用圆括号()来标识,与列表类似,列表的大部分方法在元组上也可以使用,只是元组是不可以修改的,所以不能使用修改、新增、删除等函数,可以理解元组就是只读的列表。利用元组输出对应星期,示例如下:

```
week = ('一','二','三','四','五','六','日')    # 创建元组
weekId = int(input("请输入星期数字(1~7):"))
print("星期" + week[weekId - 1])
```

任务三　实　训　任　务

根据表 3-4 员工信息表,实现员工信息的增、删、改、查。

表 3-4　　　　　　　　　　员工信息表

姓名	部门	工资(元)	姓名	部门	工资(元)
欧房楠	办公室	11500	王僖芙	办公室	9800

【任务 3-1】　存储员工信息表。

```
infor = {'欧房楠':['办公室','11500'],
         '王僖芙':['办公室','9800']}
infor
```

运行结果如下:

{'欧房楠':['办公室', '11500'], '王僖芙':['办公室', '9800']}

【任务 3-2】　增加一条信息:姓名为黄茁珍,部门为运营部,工资为 4 900。

```
infor['黄茁珍'] = ['运营部','4900']
infor
```

运行结果如下:

{'欧房楠':['办公室', '11500'], '王僖芙':['办公室', '9800'], '黄茁珍':['运营部', '4900']}

【任务 3-3】　修改黄茁珍的工资为 5 500。

```
infor['黄茁珍'][1] = '5500'
infor
```

运行结果如下:

{'欧房楠':['办公室', '11500'], '王僖芙':['办公室', '9800'], '黄茁珍':['运营部', '5500']}

【任务 3-4】　查找员工信息。

```
name = input("请问查找谁的信息:")
print(name +'的部门、工资分别为:'+ infor[name][0],infor[name][1])
```

运行结果如下:

请问查找谁的信息:欧房楠
欧房楠的部门、工资分别为:办公室 11500

【任务 3-5】　删除欧房楠的工资信息。

```
del infor['欧房楠'][1]
infor
```

运行结果如下:

{'欧房楠':['办公室'], '王僖芙':['办公室', '9800'], '黄茁珍':['运营部', '5500']}

 拓展阅读

数字时代的"丝绸之路"

公元前 138 年张骞的"凿空之旅",让地处亚洲东部的汉王朝得以将视野越过巍峨的崇山峻岭,看到西域、中亚、南亚,一直到罗马帝国。1 500 多年后,郑和七下西洋,穿过马六甲海峡,最终到达遥远的红海和索马里海岸,拉开了人类大航海时代的序幕。这一陆一海,见证了中国对世界的探索,见证了中国文明与世界文明的交流和碰撞,更见证了中国为世界发展作出的不可磨灭的贡献。

时隔六个世纪,中国领导人于 2013 年 9 月 7 日首次正式提出"丝绸之路经济带"的概念,并于同年 10 月 3 日提出"21 世纪海上丝绸之路"的构想。

基于数字化、创新、开放和可持续发展等主要特征,数字时代的新丝绸之路的建设是适应新时代发展的重要产物,涉及大数据、人工智能等多个方面。回顾"一带一路"倡议建设的历程,数字新丝绸之路的建设起源于发展的需要,落实于具体的项目,通过各个建设项目将各相关领域予以融合,并取得巨大成就。

例如,我国通过 5G 网络项目,助力共建"一带一路"国家推进 5G 建设。我国的中国电信、华为、中兴等企业在巴基斯坦、印度尼西亚、马来西亚、俄罗斯等国家参与了 5G 技术的引入和基础设施建设,提高了当地的通信技术水平,推动了通信产业升级,促进了数字化合作。

又如,目前我国和巴基斯坦正在合作建设中巴经济走廊云计算中心,旨在提供高效、可靠的云计算服务,促进巴基斯坦的数字化转型。中国和孟加拉国通过建设云计算中心,助力孟加拉国的数字经济基础设施发展,促进信息技术合作,推动数字化发展。中国还在印度尼西亚建设了云计算中心,以满足当地对数字化服务的需求。中国在这些亚洲国家的成功案

促进大数据
发展行动
纲要

知行合一

例也将被继续推广到更多的共建"一带一路"国家,如中国与埃及已展开数字化转型合作,云计算中心的建设也将有助于埃及的数字经济发展。

课 后 练 习

一、选择题

1. 在列表 strs=['a','b','c']中的元素 a 和 b 中间添加一个元素 m,正确的是(   )。

    A. strs. add(0,' m')   B. strs. add(1,' m')

    C. strs. insert(0,' m')   D. strs. insert(1,' m')

2. 在 Python 中,numbers=[1, 2, 3, 4, 5],执行 print(numbers[:4])的结果是(   )。

    A. [4]   B. [5]

    C. [1, 2, 3, 4]   D. [1, 2, 3, 4, 5]

3. 在 Python 中,遍历字典中的所有键,可以使用(   )。

    A. keys()   B. values()

    C. items()   D. all()

4. 在列表 users 尾部添加元素"tom",正确的是(   )。

    A. users. add("tom")   B. users. append("tom")

    C. users. set("tom")   D. users. rpush("tom")

5. 下列 Python 语句的运行结果是(   )。

```
a = [1,2,3,None,(),[]]
print(len(a))
```

    A. 语法错误   B. 4   C. 5   D. 6

6. 下列 Python 语句的运行结果是(   )。

```
s1 = [4,5,6]
s2 = s1
s1[1] = 0
print(s2)
```

    A. [4,5,6]   B. [0,5,6]   C. [4,0,6]   D. 以上都不是

7. 下列 Python 语句的运行结果是(   )。

```
d = {'a':1,'b':2,'c':3};
print(d['c'])
```

    A. {'c':3}   B. 2   C. 3   D. 1

二、操作题

　　系统中有三个用户"user1""user2""user3",对应的三个密码分别为"123456""654321""888888"。

1. 创建列表 users=['user1','user2','user3']和 passwds=['123456','654321','888888'],
   实现下列操作:
   (1) 添加用户名"user4"及对应的密码"111111"。
   (2) 修改"user3"的密码为"666666"。
   (3) 查找"user4"对应的密码。
   (4) 使用切片查找"user2""user3"的密码。
   (5) 判断密码中是否有"222222"。
   (6) 获取"user1"所在列表的索引,根据该索引查找对应的密码。
   (7) 使用 remove()函数删除用户名"user1",使用 del()函数删除其对应的密码。
   (8) 获取用户名列表的长度。

2. 定义一个字典 u_p={'user1':'123456','user2':'654321','user3':'888888'},实现下
   列操作:
   (1) 添加用户"user4"及对应的密码"111111"。
   (2) 修改"user3"的密码为"666666"。
   (3) 查找"user4"对应的密码。
   (4) 判断用户名中是否有"user1"。
   (5) 删除用户"user1"的数据。
   (6) 获取字典中所有的键。

项目四 **Python** 条件语句

知识目标

◎ 理解条件语句的执行方式
◎ 掌握条件语句的结构

能力目标

◎ 能够使用条件语句进行程序的判断
◎ 能够使用条件语句解决简单的问题

素养目标

◎ 培养学生思考和分析判断问题的能力
◎ 理解判断的执行逻辑

任务一　Python 中常见的条件语句

条件语句是程序设计中常用的基本语句,其功能是对给定的条件进行比较和判断,并根据判断结果采取不同的操作。Python 中常见的条件语句有三种:单分支选择结构 if…、双分支选择结构 if…else、多分支选择结构 if…elif…else。

一、单分支选择结构 if…

单分支选择结构中,if 条件语句是最基本的选择结构语句,该结构由关键字 if 组成,通过对表达式条件判断来控制代码块是否执行,当条件满足时就执行,当条件不满足时就不执行。其基本语法格式如下:

```
if 表达式:
    代码块
```

从上面的语法格式可以看出,if 条件语句及缩进部分的语句块是一个完整的代码块。if 和条件之间要有空格,条件后面要加上冒号。

代码缩进规则:在 Python 中使用缩进来体现代码的逻辑从属关系,一般以 4 个空格为一个缩进单位,并且相同级别的代码块应具有相同的缩进量。

if 条件语句程序流程图,如图 4-1 所示。

从图 4-1 中可以看出,运行开始后,程序要对条件进行判断,根据不同的判断结果做出不同的选择。如果判断条件为 True,则执行下面代码块中的语句;反之,则不运行代码块,转去运行代码块后的下一条语句。

图 4-1　if 条件语句程序流程图

【例 4-1】　运用 if 条件语句进行猜数。

```python
a = int(input("请输入你的猜测:"))
if a>10:
    print("太大了")
    print("继续努力")


if a<10:
    print("太小了")
    print("继续努力")


print("程序结束")   #  该语句不属于 if 的代码块
```

运行结果如下:

```
请输入你的猜测:15
太大了
继续努力
程序结束
```

二、双分支选择结构 if…else

Python 提供了与 if 语句搭配使用的 else 语句。else 语句表示否则,是指在没有通过 if 条件判断的时候,执行的另一个操作。if…else 条件语句的基本语法结构如下:

```
if 条件:
    条件成立(True),执行的代码块
else:
    条件不成立(False),执行的代码块
```

从上面的语法结构可以看出,else 语句后没有条件。if 语句和 else 语句及各自的缩进部分共同是一个完整的代码块。else 语句后一定要加上冒号,else 语句后的条件不成立(False)执行的代码块同样要缩进 4 个空格。

在 if…else 条件语句结构中,如果只对 if 语句条件表达式为真的情况进行处理,else 语句可以省略,也就变成了单分支 if 条件语句。if… else 条件语句流程图,如图 4-2 所示。

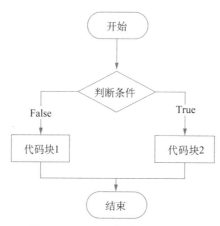

图 4-2　if…else 条件语句流程图

从图 4-2 中可以看出,运行开始后,程序要对条件进行判断,根据不同的判断结果选择不同的分支执行后面的代码块。如果判断条件为 True,则执行代码块 2;反之,则执行代码块 1。

【例 4-2】　运用 if…else 条件语句进行猜数。

```python
a = int(input("请输入你的猜测:"))
if a>10:
    print("太大了")
    print("继续努力")
else:
    print("太小了")
    print("继续努力")

print("程序结束")
```

运行结果如下:

```
请输入你的猜测:5
太小了
继续努力
程序结束
```

📖 **随堂练习：**

　　输入两个整数，输出较大的一个。

```
#   输入的数为 a 与 b, a>b 时,最大值是 a,否则为 b
a = int(input("a = "))
b = int(input("b = "))
if a >= b:
    max_num = a
else:
    max_num = b
print('最大值是:',max_num)
```

📚 **知识拓展：**

　　if 条件语句与三元运算。三元运算语句可以将条件语句简写为一行代码。

```
#   用三元运算语句实现比较两个数的大小,输出较大值
a = int(input("a = "))
b = int(input("b = "))
max_num = a if a >= b else b
print('最大值是:',max_num)
```

三、多分支选择结构 if…elif…else

　　在 Python 中，多重判断也是通过 if 条件语句来实现的。我们可以将其理解成是一个多分支的 if 条件语句。其基本语法格式如下：

```
if 条件 1：
    条件 1 成立(True),执行的代码块 1
elif 条件 2：
    条件 2 成立(True),执行的代码块 2
elif 条件 3：
    条件 3 成立(True),执行的代码块 3
else：
    以上条件都不成立(False),执行的代码块 4
```

　　在 Python 中，一个 if 语句只能有一个 else 语句，但是可以拥有多个 elif 语句，if…elif…else 结构从上到下依次对条件进行判断。只要所有条件中的某个条件成立，Python 就会忽略其他 elif 语句，跳出语句判断，也就是不再进行后面的 elif 条件判断；若没有条件满足，则执行最后的 else 语句块；如果没有 else 语句块，则直接执行该结构后的语句。elif 语句和 else 语句都必须和 if 语句联合使用，不能单独使用，可以将 if 语句、elif 语句和 else 语句及各

自缩进的代码,看成一个完整的代码块。if…elif…else 条件语句流程图,如图 4-3 所示。

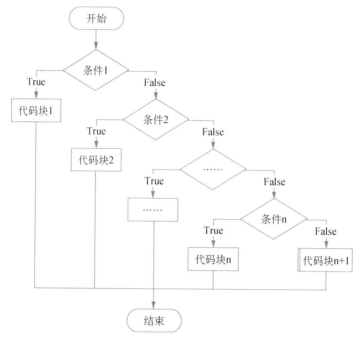

图 4-3　if…elif…else 条件语句流程图

【例 4-3】　使用 if…elif…else 条件语句进行猜数。

```
a = int(input("请输入你的猜测:"))
if a >10:
    print("太大了")
elif a <10:
    print("太小了")
else:
    print("你答对了")
print("程序结束")
```

运行结果如下:

```
请输入你的猜测:10
你答对了
程序结束
```

【例 4-4】　输入一个学生的成绩 m(整数),按[90,100][80,89][70,79][60,69][0,59]的范围分别给出 A,B,C,D,E 的等级。

```
m = int(input("输入成绩:"))
if m >= 90:
```

```
    print("A")
elif m >= 80:
    print("B")
elif m >= 70:
    print("C")
elif m >= 60:
    print("D")
else:
    print("E")
```

运行结果如下：

```
输入成绩:85
B
```

任务二　if 语句的嵌套

当有多个条件需要满足且条件之间有递进关系时，可以使用分支语句的嵌套。前面介绍的三种条件语句可以相互嵌套，下面介绍其中一种嵌套格式：

```
if 条件 1:
    if 条件 2:
        语句块 1
else:
    if 条件 3:
        语句块 2
```

if 语句有多种嵌套格式，可以根据需要选择合适的嵌套方式，但要控制好不同级别语句块的缩进。

【例 4-5】　编写程序，从键盘输入用户名和密码，要求先判断用户名再判断密码，如果用户名不正确，则直接提示用户名输入有误；如果用户名正确，则进一步判断密码。

```
username = input('请输入您的用户名:')
password = input('请输入您的密码:')
if username == 'admin':
    if password == '123456':
        print('输入正确,恭喜进入!')
    else:
```

```
        print('密码有误,请重试! ')
else:
    print('用户名有误,请重试! ')
```

运行结果如下:

```
请输入您的用户名:admin
请输入您的密码:123
密码有误,请重试!
```

【例 4-6】 系统中有三个用户"user1""user2""user3",对应的三个密码分别为"123456""654321""888888"。用列表分别存储用户名与密码信息,改写[例 4-5]。

```
users = ['user1','user2','user3']
passwds = ['123456','654321','888888']
username = input('请输入您的用户名:')
password = input('请输入您的密码:')
if username in users:
    index = users. index(username)
    if password = = passwds[index]:
        print('输入正确,恭喜进入! ')
    else:
        print('密码有误,请重试! ')
else:
    print('用户名有误,请重试! ')
```

运行结果如下:

```
请输入您的用户名:user2
请输入您的密码:654321
输入正确,恭喜进入!
```

📖 **随堂练习:**

用字典存储信息 u_p={'user1':'123456','user2':'654321','user3':'888888'},改写[例 4-6]。

任务三 实 训 任 务

【任务 4-1】 甲公司为促进 A 产品的销售,采用了商业折扣的促销方式,折扣条件如

表 4-1 所示。编写程序,输入购买数量,计算销售收入。

表 4-1　　　　　　　　　　　折扣条件

销量(件)	折扣	销量(件)	折扣
500 以上	10%	100~300	5%
300~500	8%	100 以下	无折扣

```python
#　商业折扣
amount = int(input('请输入购买数量:'))
price = 10   #　单价
discount1 = 0.95
discount2 = 0.92
discount3 = 0.90
if amount <100:
    revenue = 10 * amount
elif 100 <= amount <300:
    revenue = 10 * amount * discount1
elif 300 <= amount <500:
    revenue = 10 * amount * discount2
else:
    revenue = 10 * amount * discount3

print('甲公司应确认销售收入%.2f 元' % revenue)
```

运行结果如下:

```
请输入购买数量:250
甲公司应确认销售收入 2375.00 元
```

【任务 4-2】　编写程序,开发一个小型计算器,从键盘输入两个数字和一个运算符(+、－、*、/)进行相应的数学运算,如果输入的不是这四种运算符,则给出错误提示。

```python
first = float(input('请输入第一个数字:'))
second = float(input('请输入第二个数字:'))
sign = input ('请输入运算符号:')
if sign =='+':
    print('两数之和为:', first + second)
elif sign =='-':
    print('两数之差为:', first - second)
elif sign =='*':
    print('两数之积为:', first * second)
```

```
elif sign =='/':
    if second! = 0:
        print('两数之商为:', first / second)
    else:
        print('除数为 0 错误! ')
else:
    print('符号输入有误! ')
```

运行结果如下:

请输入第一个数字:3
请输入第二个数字:0
请输入运算符号:/
除数为 0 错误!

拓展阅读

大数据环境下的垃圾分类

近年来,我国城市化进程不断深入,经济发展飞速,随之而来的城市垃圾数量逐年增多,垃圾分类已然成为各个城市的重要关注点。而大数据技术的应用可以为垃圾分类带来更为准确和高效的解决方案。

大数据技术可以通过数据分类系统的设立,帮助居民学习垃圾分类的知识,做好垃圾分类的宣传,培养垃圾分类的习惯和行为方式,从而实现更加精准的垃圾分类。大数据技术还可以进行数据深入挖掘,分析居民生活的垃圾类别数据,帮助城市管理者更准确地制定针对不同人群的垃圾分类宣传和管理策略,提高垃圾分类的成功率,从而优化垃圾分类管理。

知行合一

课 后 练 习

一、选择题

1. 下列各项中,可以用来判断某语句是否在分支结构的语句块内的是(　　)。
    A. 缩进　　　　　　　　B. 括号　　　　　　　　C. 冒号　　　　　　　　D. 分号
2. 下列各项中,不是选择结构里保留字的是(　　)。
    A. if　　　　　　　　　B. elif　　　　　　　　C. else　　　　　　　　D. elseif
3. 下列对选择结构的描述中,错误的是(　　)。
    A. 每个 if 语句后或 else 语句后都要使用冒号
    B. 在 Python 中,没有 select-case 语句
    C. Python 中的 pass 是空语句,一般用作占位语句

D. elif 可以单独使用,也可以写为 elseif

4. 下列 Python 语句的运行结果是(　　)。

```
x = 2
y = 2.0
if  x == y:
    print("相等")
else:
    print("不相等")
```

A. 相等　　　　　　　B. 不相等　　　　　　C. 编译错误　　　　　D. 运行时错误

5. 下列 Python 语句的运行结果是(　　)。

```
i = 1
if  i:
    print(True)
else:
    print(False)
```

A. 1　　　　　　　　B. True　　　　　　　C. False　　　　　　D. 运行时错误

二、操作题

1. 某汽车运输公司开展整车货运优惠活动,货运收费根据各车型货运里程的不同而定,其中一款货车的收费标准如下,请编程实现自动计算运费。

(1) 距离在 100 千米以内:只收基本运费 1000 元。

(2) 距离为 100～500 千米:除基本运费外,超过 100 千米的部分,运费为 3.5 元/千米。

(3) 距离超过 500 千米:除基本运费外,超过 100 千米的部分,运费为 5 元/千米。

2. 输入 1～7 的整数表示星期几。其中,7 对应星期日,1 对应星期一,……。输出:Monday,Tuesday,Wednesday,Thursday,Friday,Saturday,Sunday。

项目五 Python 循环语句

知识目标

◎ 掌握 while 语句的使用
◎ 掌握 for 语句的使用

能力目标

◎ 能够运用 while 语句解决相关问题
◎ 能够运用 for 语句解决相关问题

素养目标

◎ 培养学生解决重复性工作的能力
◎ 培养学生的循环思维

任务一 while 循环

在解决问题的过程中,有时需要有规律性地重复操作许多次,对于计算机来说,就需要重复执行某些语句,解决方式就是采用循环结构。

循环结构是在一定条件下反复执行某段程序的流程结构,被反复执行的程序段被称为循环体,能否继续重复执行,由循环的终止条件来决定。

Python 中通常使用 while 语句和 for 语句实现循环结构。

while 语句是条件循环语句,当条件满足时执行循环体,常用于控制循环次数未知的循环结构。while 语句的基本语法格式如下:

```
while 表达式:
    循环体语句块
```

从上面的语法格式可以看出,关键字 while 与表达式之间用空格隔开,表达式后要加上冒号,循环体语句块缩进 4 个空格,while 语句只执行其后的一条或一组同一缩进格式的语句块。while 语句循环结构,如图 5-1 所示。

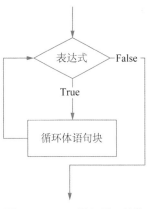

从图 5-1 中可以看出,先判断 while 表达式的值,如果判断条件为 True 则执行一次循环体语句块,然后返回 while 表达式再次判断表达式的值,若仍为 True 则再一次执行循环体,如此反复,直到表达式的值为 False 时循环终止。

while 循环的规则是先判断再执行,因此,循环体语句块有可能一次也不执行。为避免造成死循环,循环体语句块里一定要有能终止循环的语句,如能改变 while 表达式值的变量,或辅助控制语句 break 语句和 continue 语句。

图 5-1 while 语句循环结构

【例 5-1】 有限次数的循环。

```
n = 0
while n<3:
    print(n)
    n = n + 1
print('n =', n)
```

运行结果如下:

```
0
1
2
n = 3
```

【例 5-2】 利用 while 语句猜数,猜对为止。

```
flag = False
while flag = = False:
    a = int(input("请输入你的猜测:"))
    if a>10:
        print("太大了")
    elif a<10:
        print("太小了")
    else:
        print("你答对了")
        flag = True

print("程序结束")
```

运行结果如下：

```
请输入你的猜测:11
太大了
请输入你的猜测:9
太小了
请输入你的猜测:10
你答对了
程序结束
```

【例5-3】 用 while 语句计算，S＝1＋2＋…＋100。

```
# 定义循环变量i
i = 1
s = 0
# 循环变量i小于101则继续进行累加
while i < 101:
    s += i
    i += 1    # 循环变量控制程序的结束
print("1+2+…+100 = %d" % s)
```

运行结果如下：

```
1+2+…+100 = 5050
```

任务二 for 循环

除了 while 语句，Python 还提供了另外一种功能强大的循环结构 for 语句。for 语句从可迭代对象(字符串、列表、字典、迭代器等)的头部开始，依次选择每个元素进行操作直到结束，这种处理模式被称为遍历。for 语句的基本语法格式如下：

```
for 循环变量 in 对象：
    循环体
```

其中，"循环变量"为从"对象"中读取出的值，"对象"为需要迭代的对象。

一、利用 range( )函数进行遍历

range( )函数是 Python 的内置函数，用于生成一系列连续的整数，多用于 for 循环语句中。其基本语法格式如下：

```
for 循环变量 in range(start,end,step):
    循环体
```

各参数说明如下:

start:用于指定序列起始值,可以省略,如果省略则从 0 开始。

end:用于指定序列的结束值[但不包括该值,如 range(7),则得到的值为 0~6,不包括 7],不能省略。

step:代表序列的步长(可以省略,默认值为 1)。

【例 5-4】　用 for 语句计算,S=1+2+…+100。

```
s = 0
for i in range(101):
    s += i
print("1+2+…+100 = % d" % s)
```

运行结果如下:

```
1+2+…+100 = 5050
```

📖 随堂练习:

下列代码的运行结果是什么?

```
for i in range(5):
    print("第{}次执行,i = {}". format(i+1,i))
```

二、字符串的遍历

使用 for 语句除了可以循环数值,还可以逐个遍历字符串。

【例 5-5】　使用 for 语句统计字符串中"a"出现的次数。

```
count = 0
s ='abcdcdbabacd'
for i in s:
    if i = ='a':
        count = count + 1
print(count)
```

运行结果如下:

3

三、列表、字典的遍历

【例5-6】 列表的遍历。

```
#   方法一
list1 = ['Python','大数据','分析']
for i in range(len(list1)):
    print(list1[i],end = ' ')
```

```
#   方法二
list1 = ['Python','大数据','分析']
for i in list1:
    print(i,end = ' ')
```

运行结果如下：

Python   大数据   分析

【例5-7】 字典的遍历。

```
dict1 = {'科目':"银行存款",'余额方向':"借",'金额':'50000'}
for i in dict1. keys():
    print(i + ":" + dict1[i])
```

运行结果如下：

科目:银行存款
余额方向:借
金额:50000

四、循环嵌套

在一个循环体内又包含了循环结构,即为循环嵌套。

【例5-8】 打印九九乘法表。

```
for i in range(1,10):
    for j in range(1,i+1):
        print(str(j) + " * " + str(i) + " = " + str(i * j) + " \t",end =")
    print()
```

运行结果如下：

```
1 * 1 = 1
1 * 2 = 2   2 * 2 = 4
```

$1*3=3$　$2*3=6$　$3*3=9$

$1*4=4$　$2*4=8$　$3*4=12$　$4*4=16$

$1*5=5$　$2*5=10$　$3*5=15$　$4*5=20$　$5*5=25$

$1*6=6$　$2*6=12$　$3*6=18$　$4*6=24$　$5*6=30$　$6*6=36$

$1*7=7$　$2*7=14$　$3*7=21$　$4*7=28$　$5*7=35$　$6*7=42$　$7*7=49$

$1*8=8$　$2*8=16$　$3*8=24$　$4*8=32$　$5*8=40$　$6*8=48$　$7*8=56$　$8*8=64$

$1*9=9$　$2*9=18$　$3*9=27$　$4*9=36$　$5*9=45$　$6*9=54$　$7*9=63$　$8*9=72$

$9*9=81$

📖 随堂练习：

用 while 语句打印九九乘法表。

📚 知识拓展：

1. 列表推导式

列表推导式可以简化复杂的 for 语句,快速生成列表。

```
listname = []
for i in range(10):
    listname. append(i)
print(listname)
```

运行结果如下:

```
[0, 1, 2, 3, 4, 5, 6, 7, 8, 9]
```

使用列表推导式将 for 语句简化为一行。

```
listname = [i for i in range(10) ]
print(listname)
```

2. zip()函数

zip()函数可以可迭代对象作为参数,将可迭代对象中对应位置的元素打包成一个个元组。

```
a = ['销售费用','管理费用','财务费用']
b = [10000,5000,1000]
list(zip(a,b))
```

运行结果如下:

```
[('销售费用', 10000), ('管理费用', 5000), ('财务费用', 1000)]
```

使用 zip( )函数返回一个可以迭代的对象,使用 list( )函数把这个迭代对象转换为列表。可以使用 for 循环遍历输出。

```
for i in list(zip(a,b)):
    print("%s:%d" %(i[0],i[1]))
```

运行结果如下:

```
销售费用:10000
管理费用:5000
财务费用:1000
```

<h1 style="text-align:center">任务三 跳 转 语 句</h1>

一、break 语句

在 for 或 while 循环体的执行过程中,当满足某个条件,需要中止当前循环跳出循环体时,就需要使用 break 语句来实现这个功能。此时,break 语句结束了整个还没有执行完的循环过程,而不考虑此时循环体的条件是否成立。

💡 **注意:**

如果存在循环嵌套,break 语句只停止执行它所在层的循环,但仍然继续执行外层循环体。

【例 5-9】 利用 while 语句改写验证用户名和密码的程序,限定只有 5 次输入机会。

```
i = 1
while i<=5:
    username = input('请输入您的用户名:')
    password = input('请输入您的密码:')
    if username =='admin':
        if password =='123456':
            print('输入正确,恭喜进入!')
            break
        else:
            print('密码有误,请重试!')
    else:
        print('用户名有误,请重试!')
    i = i+1
```

运行结果如下：

请输入您的用户名:a
请输入您的密码:b
用户名有误,请重试!
请输入您的用户名:admin
请输入您的密码:123456
输入正确,恭喜进入!

二、continue 语句

continue 语句可以跳过当前这一轮循环的剩余语句,继续进行下一轮循环。对于 while 循环,执行 continue 语句会返回循环开始处判断循环条件。而对于 for 循环,则跳出本次循环接着遍历迭代对象。

【例 5-10】　使用 continue 语句,不打印 b 或者 f。

```
s ='abcdefghi'
for i in s:
    if i=='b' or i=='f':
        continue   #  跳出本次循环,不执行 print 语句
    print(i, end='')
```

运行结果如下：

a c d e g h i

任务四　实训任务

利用表 5-1 员工信息表,实现姓名、部门、岗位、工资的查找。

表 5-1　　　　　　　　　　　员工信息表

姓名	部门	岗位	工资(元)
欧房楠	办公室	法定代表人	11500
王僖芙	办公室	总经理	9800
黄苗珍	运营部	仓管员	4900
岳万	财务部	经理	6900

【任务 5-1】　使用列表 name 存储员工姓名,再使用列表 infor 存储员工对应的部门、岗位、工资。

```
name_list = ['欧房楠','王僖芙','黄茁珍','岳万']
infor = [['办公室','法定代表人','11500'],['办公室','总经理','9800'],
        ['运营部','仓管员','4900'],['财务部','经理','6900']]
name = input("请问你查谁:")
if name in name_list:
    print(name +'的部门、岗位、工资分别为:',end = " ")
    index = name_list. index(name)
    for i in infor[index]:
        print(i,end = " ")
else:
    print("没有这个人")
```

运行结果如下:

请问你查谁:岳万

岳万的部门、岗位、工资分别为:财务部 经理 6900

【任务 5-2】 使用字典 infor 存储员工姓名及其对应的部门、岗位、工资。

```
infor = {'欧房楠':['办公室','法定代表人','11500'],'王僖芙':['办公室','总经理','9800'],
        '黄茁珍':['运营部','仓管员','4900'],'岳万':['财务部','经理','6900']}
name = input("请问你查谁:")
if name in infor. keys():
    print(name +'的部门、岗位、工资分别为:',end = " ")
    for j in infor[name]:
        print(j,end = " ")
else:
    print("没有这个人")
```

运行结果如下:

请问你查谁:岳万
岳万的部门、岗位、工资分别为:财务部 经理 6900

 拓展阅读

打造城市大数据平台,夯实智慧城市建设

2021 年 3 月,"新城建"被写入我国国民经济和社会发展五年规划,正式上升至国家级战略高度。党的二十大报告明确提出,高质量发展是全面建设社会主义现代化国家的首要任务,并强调要加快数字经济发展,促进数字经济与实体经济深度融合。当前,全球社会正迈

入以数字化为主导的新时代,互联网、大数据、人工智能与实体经济正积极深度融合。数字经济已经成为世界经济的主要形态,它以数据资源为核心生产要素,以现代信息网络为重要载体,正在成为全球科技革命的主要动力。在这一背景下,数字经济已成为很多省市实现高质量发展的重要支撑,成为推动区域经济高质量发展新的强大引擎。我国多地已经开始通过大数据、云计算、人工智能等技术,积极推进智慧城市建设,为城市治理赋能,助推城市产业智能化和治理现代化。

通常,一个城市的数据是复杂多样的,既包含城市地貌、建设等基础数据,又包含人类社会行为产生的生活类数据、工作类数据,还包括基于以上数据进行分析而得到的未来趋势的预测数据。这些数据繁复纷杂,在政务服务渠道建设、数字孪生城市建设等方面,全面的数据资源可以推动各地学习发展经验,共享发展成果,加速数字公共服务的普惠化,推进城市、乡村在文化、民生服务等领域数字化、智能化,统筹推进智慧城市和数字乡村融合发展,持续提升智慧健康、智慧教育、智慧民政等服务水平,打造智慧共享、和睦共治的新型数字生活。

知行合一

课 后 练 习

一、选择题

1. 以下代码的输出结果是(　　　)。

```python
for s in "HelloWorld":
    if s == "W":
        continue
    print(s,end="")
```

    A. Hello
                            B. HelloWorld
    C. Helloorld
                            D. World

2. 给出如下代码,以下选项中描述错误的是(　　　)。

```python
a = 3
while a >0:
    a -= 1
    print(a,end=" ")
```

    A. a -=1 可由 a=a-1 实现
    B. 如果将条件 a>0 修改为 a<0,程序执行会进入死循环
    C. 使用 while 保留字可创建无限循环
    D. 这段代码的输出内容为 210

3. 给出如下代码,以下选项中描述正确的是(　　　)。

```
s = 0
for i in range(1,11):
    s + = i
 print(s)
```

A. 循环内语句块执行了 11 次

B. s+=i 可以写为 s+ =i

C. 如果 print(s)语句完全左对齐,输出结果不变

D. 输出的最后一个数字是 55

二、填空题

1. 阅读下面的 Python 语句,输出的结果为_____。

```
n = 6
for i in range(1, n):
    for j in range(i):
        print(" * ", end ='')
    print("\n")
```

2. 阅读下面的 Python 语句,输出的结果为_____。

```
n1 = ["A","B","C","D"]
n2 = n1
n3 = n1[:]
n2[0] = "x"
n3[1] = "y"
s = 0
n1.extend(n2)
n1.extend(n3)

for t in n1:
    if t = = "A":
        s + = 1
    if t = = "B":
        s + = 2
print(s)
```

3. 阅读下面的 Python 语句,输出的结果为_____。

```
num = 24
factors = []
```

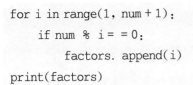

```
for i in range(1, num + 1):
    if num % i = = 0:
        factors. append(i)
print(factors)
```

三、操作题

1. 输入两个数字和加减乘除运算符,输出运算结果。若输入其他符号,则退出程序。

2. 计算 50 以内所有奇数之和。

3. 系统中有三个用户,用户名为"user1""user2""user3",对应的三个密码分别为"123456""654321""888888"。编写程序,从键盘输入用户名和密码,要求先判断用户名再判断密码。一共有三次登录机会(用字典存储用户名与密码信息)。

(1) 如果用户名不正确,直接提示用户名输入有误,重新登录。

(2) 如果用户名正确,进一步判断密码。如果密码正确,登录成功,退出循环;如果密码不正确,重新登录。

项目六 函 数

知识目标

◎ 了解函数的创建与使用
◎ 了解函数参数、变量的传递过程

能力目标

◎ 能够自定义函数解决一些简单的问题
◎ 能够理解函数中全局变量的使用

素养目标

◎ 培养学生模块化处理问题的能力
◎ 培养学生解决复杂问题的处理能力

任务一 函数的创建与调用

提到函数，大家首先会想到数学函数，函数是数学中最重要的一个模块。在 Python 中，函数的应用也非常广泛，我们已经在前面多次使用函数。例如，用于输出的 print() 函数、用于输入的 input() 函数，以及用于生成一系列整数的 range() 函数。这些都是 Python 内置的标准函数，可以直接使用。除了标准函数，Python 还支持自定义函数，即通过将一段有规律的、重复的代码定义为函数，来达到一次编写、多次调用的目的。使用函数可以提高代码的重复利用率。

一、函数的创建

创建函数也称为定义函数，基本语法格式如下：

def 函数名称(参数 1,参数 2,……):

函数体

```
return
```

定义函数的一般说明如下：

（1）函数名称是用户自己定义的名称，与变量的命名规则相同，以字母开始，后面可以是若干字母、数字等。

（2）函数可以有很多参数，每一个参数都有一个名称，它们是函数的变量，不同的变量对应的函数值往往不同，这是函数的本质。

（3）函数体是函数的程序代码，应保持缩进格式。函数被设计为完成某一个功能的一段程序代码或模块。

（4）return 语句为函数结束的标志，返回函数处理的结果。如果函数没有返回值，可以省略不写。

（5）在定义函数时，注意不能忘记使用"："。

【例6-1】 自定义函数计算长方形的周长。

```
def cir(length,width)：
    zhouchang = 2 * (length + width)
    return zhouchang
Print(cir(2，1))
```

运行结果如下：

6

【例6-2】 没有返回值的函数。

```
def hello()：
    print("HELLO")

hello()
```

运行结果如下：

HELLO

二、函数的调用与返回值

调用函数就是执行函数，调用自定义函数与调用 Python 内部函数一样，有返回值的函数可以放在合适的任何一个表达式中去计算，没有返回值的函数只能作为单独的一条语句执行。函数的值是指函数被调用之后，执行函数体中的程序段所取得的并返回主调函数的值。

程序调用一个函数需要执行以下四个步骤：

（1）调用程序在调用处暂停执行。

（2）在调用时将实参复制给函数的形参。

（3）执行函数体语句。

（4）函数调用结束给出返回值，程序回到调用前的暂停处继续执行。

【例 6-3】 调用计算长方形周长的函数。

```
def cir(length,width):
    zhouchang = 2 * (length + width)
    return zhouchang
    print("周长")   #  该句不会执行


#  调用 cir
a = cir(4,2)
print(a)
```

运行结果如下：

12

［例 6-3］中，cir 为函数名称，length、width 是变量。函数在主程序中被调用。

一个函数被定义后是不执行的，只有在调用它时才执行。［例 6-3］程序的第一条执行语句是 a＝cir(4,2)，不是 def cir(length,width)。

return 语句执行后函数即结束，后面的语句不会再执行，如［例 6-3］中 print("周长")。

【例 6-4】 猜数游戏：写一个函数比较两个数的大小。给定一个默认数字 10，输入一个数字，如果输入的数字大于 10，输出"太大了"；如果输入的数字小于 10，输出"太小了"；当输入的数字等于 10 时，输出"答对了"。如果数字猜错了，会有对应提示，并继续进行猜数，直到数字猜对，才停止程序。

```
def caishu(a):
    zq = False
    if a >10:
        print("太大了")
    elif a <10:
        print("太小了")
    else:
        print("你答对了")
        zq = True
    return zq
zhengque = False
while zhengque = = False:
    a = int(input())
    zhengque = caishu(a)
```

运行结果如下：

5
太小了
11
太大了
10
你答对了

任务二　参 数 传 递

大多数情况下，在调用函数时，主调函数和被调函数之间有数据传递关系，这就是有参数的函数形式。函数参数的作用是传递数据给函数使用，函数利用接收的数据进行具体的操作处理。

一、形式参数和实际参数

在使用函数时，经常会用到形式参数和实际参数。两者的区别可以通过其定义来进行理解，具体如下：

（1）形式参数：在定义函数时，函数名后面括号中的参数为形式参数，也称形参。

（2）实际参数：在调用一个函数时，函数名后面括号中的参数为实际参数，也就是函数的调用者提供给函数的参数，也称实参。

【例6-5】　长方形周长函数。

```
def cir(length,width):    ＃  length,width 即为形参
    zhouchang = 2 * (length + width)
    return zhouchang
＃  调用 cir
a = cir(4,2)    ＃  4,2 即为实参
print(a)    ＃  输出周长 12
```

形式参数和实际参数的一般使用规则如下：

（1）形参是函数的内部变量，有名称。形参一般出现在函数定义中，其在整个函数体内都可以使用，但离开该函数则不能使用。

（2）实参的个数必须与形参一致，实参可以是常量、变量、表达式。

（3）当实参是变量时，它不一定要与形参同名称。

（4）调用函数中发生的数据传送都是单向的，即只能把实参的值传送给形参，而不能把形参的值反向传送给实参。因此，在函数调用过程中，形参的值会改变，而实参中的值不会变化。

（5）函数可以没有参数，但圆括号不可缺少。

二、实训巩固

创建一个函数：返回三个数（从键盘输入的整数）中的最大值。

```
def getMax(a, b, c):
    t = 0
    if a >b:
        t = a
    else:
        t = b
    if t >c:
        return "其中最大值为:" + str(t)
    else:
        return "其中最大值为:" + str(c)


n1 = int(input("请输入第 1 个整数:"))
n2 = int(input("请输入第 2 个整数:"))
n3 = int(input("请输入第 3 个整数:"))
max_num = getMax(a = n1, b = n2, c = n3)
print(max_num)
```

运行结果如下：

```
请输入第 1 个整数:1
请输入第 2 个整数:2
请输入第 3 个整数:3
其中最大值为:3
```

任务三　变量的作用域

一、局部变量

局部变量也称内部变量，是在函数内作定义说明的参数值。其作用域仅限于函数内，离开该函数后再使用这种变量是非法的。

【例6-6】　计算两数的和。

```
def sum1(a,b):
    a = 5
```

```
        b = 6
        print("a + b = ",a + b)

a = 1
b = 2
sum1(a,b)
print(a,b)
```

运行结果如下：

```
a + b = 11
1 2
```

其中,a、b 都是局部变量。

关于局部变量的作用域还要说明以下几点：

（1）函数中定义的变量只能在函数中使用,不能在其他函数中使用。同时,一个函数中也不能使用其他函数中定义的变量。各个函数之间是平行关系,互不干扰。

（2）形参变量属于被调函数的局部变量,而实参变量属于主调函数的局部变量。

（3）局部变量允许在不同的函数中使用相同的变量名,它们代表不同的对象,分配不同的存储单元,互不干扰,也不会发生混淆。[例 6-6]中 sum 1()函数的 a,b 变量是函数的局部变量,值的修改并没有影响到主程序中的 a,b 的值。

二、全局变量

如果一个函数内部要调用主程序的变量,那么可以在该函数内部定义这个变量为 global 变量,这样函数内部使用的这个变量就是主程序的变量。当改变了函数中全局变量的值时,会直接影响主程序中这个变量的值。

【例 6-7】　使用全局变量。

```
def sum1(b):
    global a
    b = 6
    print("a + b = ",a + b)    ＃　利用全局变量 a = 1 参与计算
    a = 3                      ＃　修改全局变量 a = 3
a = 1
b = 2
sum1(b)
print(a,b)                     ＃　a 已经被修改为 3
```

运行结果为：

```
a + b = 7
```

３２

全局变量的作用域是整个程序,它在程序开始时就存在,任何函数都可以访问它,而且所有函数访问的同名称的全局变量是同一个变量,全局变量只有在程序结束时才销毁。

三、实训巩固

1. 案例描述

用一个函数输入省份与城市,用另外一个函数显示。

2. 案例分析

设计一个输入函数 enter(),输入省份 province 与城市 city;设计输出函数 show()显示省份与城市。由于 enter 要返回 province,city 两个数据,因此把 province,city 设计成全局变量。

3. 案例代码

```
def enter():
    global province
    global city
    province = input("省份:")
    city = input("城市:")

def show():
    print("省份:" + province + " 城市:" + city)

province = ""
city = ""
enter()
show()
```

运行结果如下:

省份:江苏
城市:南京
省份:江苏 城市:南京

任务四 匿 名 函 数

匿名函数(lambda)是指没有名字的函数,应用在需要定义一个函数但是又不想命名这个函数的场合。通常情况下,这样的函数只使用一次。在 Python 中,使用匿名函数 lambda

表达式创建匿名函数,其基本语法格式如下:

result = lambda [参数 1,参数 2…]:<表达式>

从上面的语法格式可以看出,result 用于调用 lambda 表达式;[参数 1,参数 2…]是可选参数,用于指定要传递的参数列表,多个参数间使用逗号","分隔;<表达式>是必选参数,用于指定一个实现具体功能的表达式,如果有参数,那么在该表达式中将应用这些参数。

使用匿名函数时,参数可以有多个,用逗号分隔,但是表达式只能有一个,即只能返回一个值。匿名函数不能包含语句或多个表达式,也不用写 return 语句。例如:

```
sum1 = lambda a,b:a + b
print(sum1(1,2))
```

【例 6-8】 利用 lambda 表达式计算长方形周长。

```
length = 4
width = 2
cir = lambda length,width:2 * (length + width)
print(cir(length,width))
```

运行结果如下:

```
12
```

任务五　内置函数与 NumPy 库

一、内置函数

Python 中内置了很多常用函数,如表 6-1 所示。

表 6-1　　　　　　　　　　　Python 内置常用函数

内置函数	描述	内置函数	描述
sum()	求和	map()	用指定函数遍历参数
max()	求序列中最大值	sorted()	对参数进行排序
min()	求序列中最小值	len()	返回对象的长度
round()	对参数四舍五入	reversed()	反转
range()	返回可迭代对象	type()	返回对象的类型

【例 6-9】 内置函数的使用。

```
list1 = [1,8,3,6,5,4,7]
print("sum():",sum(list1))
```

```
print("max():",max(list1))
print("min():",min(list1))
print("round():",round(1.123,2))
print("range():",[i for i in range(1,10)])
print("len():",len(list1))
print("map():",list(map(lambda x:x * x,list1)))
print("type():",type(list1))
print("sorted():",sorted(list1))
print("reversed():",list(reversed(list1)))
```

运行结果如下：

```
sum():34
max():8
min():1
round():1.12
range():[1, 2, 3, 4, 5, 6, 7, 8, 9]
len():7
map():[1, 64, 9, 36, 25, 16, 49]
type():<class'list'>
sorted():[1, 3, 4, 5, 6, 7, 8]
reversed():[7, 4, 5, 6, 3, 8, 1]
```

二、NumPy 库

Python 标准库中提供了一个 array 类型，用于保存数组类型数据，然而这个类型不支持多维数据，处理函数也不够丰富，不适合进行数值运算。NumPy 是 Python 的第三方库，是一个开源的 Python 科学计算库，主要用于数学、科学计算，提供了许多高级的数值编程工具。NumPy 是由多维数组对象和用于处理数组的例程集合组成的库，包含很多实用的数学函数，涵盖线性代数运算、傅里叶变换和随机数生成等功能。

NumPy 已成为 Python 科学计算生态系统的重要组成部分，其在保留 Python 语言优势的同时，大大增强了科学计算和数据处理的能力。总之，NumPy 是使用 Python 进行数据分析的一个必备工具。

NumPy 处理的最基础数据类型是由同种元素构成的多维数组 ndarray，简称数组。数组中所有元素的类型必须相同，数组中元素可以用整数索引，序号从 0 开始。ndarray 类型的维度称为轴（axis），轴的个数称为秩（rank）。一维数组的秩为 1，二维数组的秩为 2，二维数组相当于由两个一维数组构成。

【例 6-10】 数组的创建。

```
import numpy as np                          #  导入 numpy 库,并设置为别名 np
```

```
arr1 = np.array([[1,2,3,4,5,6]])            #   一维数组
arr2 = np.array([[1,2,3],[4,5,6],[7,8,9]])   #   二维数组
print("arr1:",arr1)
print("arr2:\n",arr2)
```

运行结果如下：

```
arr1:[[1 2 3 4 5 6]]
arr2:
[[1 2 3]
[4 5 6]
[7 8 9]]
```

在二维数组中,axis 轴参数可以理解为横向或纵向,axis＝0 表示纵向(每一列),axis＝1 表示横向(每一行)。

【例 6-11】   承接[例 6-10],数组的轴。

```
print(arr2.sum(axis = 0))     #   对 arr2 纵向(每一列)求和
print(arr2.sum(axis = 1))     #   对 arr2 横向(每一行)求和
```

运行结果如下,执行过程如图 6-1 所示。

```
[12 15 18]
[ 6 15 24]
```

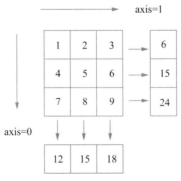

图 6-1   [例 6-11]执行过程

【例 6-12】   NumPy 函数的使用。

```
import numpy as np

matrix = np.array([
```

```
        [5, 10, 15],
        [20, 10, 30],
        [35, 40, 45]])
print(matrix.sum())            #  计算所有元素的和
print(matrix[0].min())         #  计算第一行元素的最小值
print(matrix.mean(axis = 1))   #  计算横向的平均值
print(matrix.max(axis = 0))    #  计算纵向的最大值
print(matrix.tolist())         #  转化为列表
```

运行结果如下：

```
210
5
[10. 20. 40. ]
[35 40 45]
[[5, 10, 15], [20, 10, 30], [35, 40, 45]]
```

任务六　实训任务

【任务 6-1】　编写函数，输入 n 为偶数时，调用函数求 1/2＋1/4＋…＋1/n；当输入 n 为奇数时，调用函数求 1/1＋1/3＋…＋1/n。

```
def func1(n):
    s = 0
    for i in range(1,int(n/2) + 1):
        s = s + 1/(2 * i)
    print(s)


def func2(n):
    s = 0
    for i in range(1,int((n + 1)/2) + 1):
        s = s + 1/(2 * i - 1)
    print(s)


n = int(input("请输入:"))
if(n % 2 = = 0):      #  偶数时调用函数 func1();奇数时调用函数 func2()
    func1(n)
```

```
else:
    func2(n)
```

运行结果如下:

请输入:18
1.4144841269841268

【任务6-2】 用二分查找法,在列表中查找指定数字的位置。

```
def binary_search(my_list, value):
    low = 0
    high = len(my_list) - 1
    while low <= high:
        mid = int((low + high) / 2)
        guess = my_list[mid]
        if guess < value:
            low = mid + 1
        elif guess > value:
            high = mid - 1
        else:
            return mid
    return None

num_list = [1, 3, 5, 7, 9, 11]
print(binary_search(num_list, 5))
```

运行结果如下:

2

 拓展阅读

大数据时代的智慧旅游产业潜力无限

如今,各类别出心裁的智慧旅游项目吸引了大量游客。伴随数字技术的迭代更新,不少旅游景区变身智慧景区,旅游资源、服务设施得以升级,景区的精细化管理水平得到一定程度的提升。

目前,不少智慧景区建设更关注公共服务水平的提升。比如,更便捷的预订和购票服务、更丰富的旅游内容和互动体验、更智能的导览和解说服务,以及景区内商业和服务设施的数字化升级等。

知行合一

　　利用大数据技术实现景区的智慧管理,通过数据分析精准捕捉游客需求,可让智慧景区的建设更进一步。旅游业是数据密集型产业,也是综合性极强、数据依存度极高的产业,数据的有效汇聚、共享和利用是其生命力的源泉。大数据是智慧景区的运行基础。通过对门票、娱乐项目、商业零售、交通、园区能耗等数据的统计分析,可以充分挖掘各类数据价值,辅助管理人员进行运营决策、指挥调度,提升资源协调效率,为景区运维管理提供更加科学化的决策支持。

　　智慧旅游产业正处于高速发展阶段,为了满足游客对旅游质量和体验感的多方面需求,各部门要积极创新,形成文旅数字化的长效机制,支撑文旅产业向多元化、多模式的方向迈进。

课 后 练 习

一、选择题

1. 在 Python 中,定义函数应使用关键字(　　　)。

　　A. def　　　　　　　B. define　　　　　　C. ifdef　　　　　　D. ifndef

2. 下列 Python 语句的运行结果是(　　　)。

```
a = 10
def  setNumber():
    a = 100
setNumber()
print(a)
```

　　A. 10　　　　　　　B. 100　　　　　　　C. 10100　　　　　　D. 10010

3. 下列 Python 语句的运行结果是(　　　)。

```
f1 = lambda x:x * 2
f2 = lambda x:x + 2
print(f1(f2(2) ))
```

　　A. 2　　　　　　　B. 4　　　　　　　C. 6　　　　　　　D. 8

4. 下列 Python 语句的运行结果是(　　　)。

```
def f(a, b = 2, c = 5):
    print(a,b,c)
f(2,4,6)
```

　　A. 语法错误　　　　B. 2 4 6　　　　　　C. 2 2 5　　　　　　D. 0 2 5

5. 下列 Python 语句的运行结果是(　　　)。

```
def f(n):
    if(n = = 3):
        return 3
    else:
        return n * f(n-1)
print(f(6))
```

A. 3   B. 3456   C. 360   D. 18

二、操作题

1. 定义一个打印 n 个星号的无返回值的函数,命名为 print_star(n),用户输入所需打印的三角形的行数 lines,调用 print_star()函数,输出由星号构成的等腰三角形,每行打印 1,3,5,…,即 2 * lines-1 个星号。

2. 定义函数 getValue(b, r, n),根据本金 b=10 万元、年利率 r=5%和年数 n=5,计算最终收益。

提高篇

Python 大数据分析

项目七 Pandas 数据结构

知识目标

◎ 掌握 Series 与 DataFrame 两种数据结构
◎ 掌握 DataFrame 的索引操作
◎ 掌握读写文件的方法

能力目标

◎ 能够创建 Series 与 DataFrame 数据结构
◎ 能够进行 DataFrame 的索引操作
◎ 能够对 Excel 文件进行读写操作

素养目标

◎ 培养学生对数据结构的理解能力
◎ 培养学生解决问题的能力

Pandas 是 Python 中的一个数据分析包,提供了大量的数据处理函数和方法,它可以将不同来源的数据集转换为 DataFrame 对象,该对象在 Python 中的表示类似于 Excel 中表格数据的列和行。

Pandas 拥有两种数据结构:Series 和 DataFrame。使用 Pandas 前需要先导入 Pandas 包,格式如下:

```
import pandas as pd
```

该代码用于在当前程序中导入 Pandas 包,并命名为 pd。后续在程序中若要使用 Pandas,可直接用 pd 替代。例如,在调用 Pandas 包的某个函数时,可写成 pd. 函数名()。

任务一　Series 的创建与操作

Series 是一种类似一维数组的数据结构,由一组数据和与之相关的行索引(index)组成。其中,行索引默认为整数,从 0 开始,可以对 index 进行自定义命名,以便于阅读和理解,但不影响默认的位置索引值。Series 结构与字典类似,不同点在于字典是无序的,而 Series 是有序的,相当于 Series 是一种有序字典。Series 对象的值都具有相同的数据类型。Series 结构如图 7-1 所示。

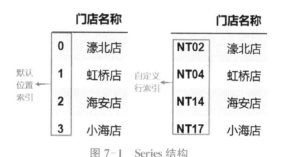

图 7-1　Series 结构

一、Series 的创建

Series 的创建有很多方法,可以利用列表或字典进行创建。

1. 利用列表创建 Series

利用列表创建 Series 时,列表元素就是 Series 的值,而 Series 的索引可以通过 index 来创建,并且索引的个数与值的个数要保持一致。利用列表创建 Series 的一般方法为:

pd. Series (list, index)　　♯　index 不填时,默认使用位置索引,从 0 开始

【例 7-1】　利用列表创建 Series。

```
import pandas as pd
list1 = ["濠北店","虹桥店","海安店","小海店"]
s = pd. Series(list1,index = ['NT02','NT04','NT14','NT17'])
s
```

运行结果如下:

```
NT02    濠北店
NT04    虹桥店
NT14    海安店
NT17    小海店
dtype:object
```

2. 利用字典创建 Series

利用字典也可以创建 Series，字典的关键字 key 就是 Series 的索引 index，字典的值 value 就是 Series 的值 value。利用字典创建 Series 时，不用再单独新建 index。利用字典创建 Series 的一般方法为：

```
pd.Series(dict)
```

【例 7-2】　利用字典创建 Series。

```
dict1 = {'NT02':"濠北店",'NT04':"虹桥店",'NT14':"海安店",'NT17':"小海店"}
s = pd.Series(dict1)
s
```

运行结果如下：

```
NT02    濠北店
NT04    虹桥店
NT14    海安店
NT17    小海店
dtype:object
```

二、Series 的属性

Series 对象提供了 index 和 values 两个属性，利用这两个属性可以查看 Series 对象的索引和数据。

【例 7-3】　查看 Series 属性。

```
dict1 = {'NT02':"濠北店",'NT04':"虹桥店",'NT14':"海安店",'NT17':"小海店"}
s = pd.Series(dict1)
print(s.index)
print(s.values)
```

运行结果如下：

```
Index(['NT02','NT04','NT14','NT17'], dtype='object')
['濠北店''虹桥店''海安店''小海店']
```

此时的索引 Index(['NT02','NT04','NT14','NT17'])称为自定义索引，其自身的位置索引依然存在，编号与列表类似，从 0 开始，为[0,1,2,3]。

【例 7-4】　查看 Series 数据。

```
print(s['NT04'])
print(s[1])
```

运行结果如下：

虹桥店
虹桥店

任务二　DataFrame 的创建与操作

DataFrame 的数据结构可以看作是一张二维表，类似 Excel 表格。DataFrame 的索引不仅有行索引还有列索引。DataFrame 的最上面一行称为列索引 columns，即各列数据的列名。DataFrame 的最左边一列和 Series 一样称为 index，即行索引。如果没有自定义行索引，DataFrame 会自动创建一个从 0 开始的整数索引。DataFrame 每一列与 index 的组合就是一个 Series，也可以把 DataFrame 看作是同一 index 的 Series 集合。DataFrame 的数据结构如图 7-2 所示。

图 7-2　DataFrame 的数据结构

一、DataFrame 的创建

【例 7-5】　根据表 7-1 创建 DataFrame。

表 7-1　　　　　　　　　　　　创建 DataFrame 源数据

门店代码	门店名称	销售金额(元)
NT02	濠北店	2 672.2
NT04	虹桥店	1 683.9
NT14	海安店	5 513.8
NT17	小海店	2 386.9

```
# 用列表创建 DataFrame
list1 = [["濠北店",2672.2],["虹桥店",1683.9],["海安店",5513.8],["小海店",
2386.9]]
```

```
df1 = pd. DataFrame(list1,columns = ["门店名称","销售金额"],
                    index = ["NT02","NT04","NT14","NT17"])
df1
```

运行结果如图 7-3 所示。

	门店名称	销售金额
NT02	濠北店	2672.2
NT04	虹桥店	1683.9
NT14	海安店	5513.8
NT17	小海店	2386.9

图 7-3　用列表创建 DataFrame 的运行结果

```
#  用字典创建 DataFrame
dict1 = {"门店名称":["濠北店","虹桥店","海安店","小海店"],
         "销售金额":["2672.2","1683.9","5513.8","2386.9"]}
df2 = pd.DataFrame(dict1,index = ["NT02","NT04","NT14",'NT17'])
df2
```

运行结果如图 7-4 所示。

	门店名称	销售金额
NT02	濠北店	2672.2
NT04	虹桥店	1683.9
NT14	海安店	5513.8
NT17	小海店	2386.9

图 7-4　用字典创建 DataFrame 的运行结果

二、DataFrame 的操作

DataFrame 对象有很多属性和函数,常见的属性和函数如表 7-2 所示。

表 7-2　　　　　　　　　　　　DataFrame 对象常用属性和函数

属性/函数	说明
values	查看所有元素的值
dtypes	查看所有元素的数据类型

（续表）

属性/函数	说明
index	查看或设置所有行索引
columns	查看或设置所有列索引
T	行列数据转置
head(n)	查看前 n 行数据,默认为 5
tail(n)	查看后 n 行数据,默认为 5
shape	查看行数和列数,返回(m,n),m 为行数,n 为列数
info	查看数据
append()	在 DataFrame 的末尾添加新的行
tolist()	将 DataFrame 转化为列表

（1）DataFrame 的主要属性包括访问列索引的.columns、访问行索引的.index、查看行列数的.shape 和行列转置.T。

【例 7-6】 DataFrame 的主要属性查看与转置操作。

```
print(df1.index)
print(df1.columns)
print(df1.shape)
df1.T
```

运行结果如图 7-5 所示。

```
Index(['NT02','NT04','NT14','NT17'], dtype='object')
Index(['门店名称','销售金额'], dtype='object')
(4,2)
```

	NT02	NT04	NT14	NT17
门店名称	濠北店	虹桥店	海安店	小海店
销售金额	2672.2	1683.9	5513.8	2386.9

图 7-5 ［例 7-6］运行结果

（2）还原（重置）索引。还原索引是指将已经设置的索引还原,即将 index 还原为自动生成编号的行索引,Pandas 提供了 reset_index() 函数实现还原索引,reset_index() 函数的基本语法格式为:

```
DataFrame.reset_index()
```

【例 7-7】 还原索引。

```
df2.index.name = "门店代码"    #   为行索引添加名称
```

```
df2 = df2.reset_index()      #  还原索引
df2
```

运行结果图 7-6 所示。

	门店代码	门店名称	销售金额
0	NT02	濠北店	2672.2
1	NT04	虹桥店	1683.9
2	NT14	海安店	5513.8
3	NT17	小海店	2386.9

图 7-6　[例 7-7]运行结果

（3）设置索引。设置索引是指将 DataFrame 中的列设置为行索引，Pandas 提供了 set_index()函数来实现设置索引，set_index()函数的基本语法格式为：

```
DataFrame.set_index(column)
```

其中，column 表示 DataFrame 中某一列的列名，即将这一列的值设为索引 index。

【例 7-8】　设置索引。

```
df2 = df2.set_index("门店代码")
df2
```

运行结果如图 7-7 所示。

门店代码	门店名称	销售金额
NT02	濠北店	2672.2
NT04	虹桥店	1683.9
NT14	海安店	5513.8
NT17	小海店	2386.9

图 7-7　[例 7-8]运行结果

（4）DataFrame 数据类型相关操作。如果有些列没有转换为合适的数据类型，那么数据的运算结果可能会不符合预期。Pandas 常用数据类型，如表 7-3 所示。

表 7-3　　　　　　　　　　　　　　Pandas 常用数据类型

数据类型	说明	数据类型	说明
object	字符串	bool	布尔值
int64	整数	datetime64	日期时间
float64	浮点数		

A. 查看数据类型。在创建 DataFrame 时,可以通过 dtypes 查看 DataFrame 中各列数据的类型,dtypes 的一般语法格式为:

DataFrame.dtypes

【例7-9】 查看数据类型。

df2.dtypes

运行结果如下:

```
门店名称      object
销售金额      object
dtype:object
```

B. 转化数据类型。通过 astype 可以强制转化数据类型,这一方法在数据分析中十分有用,因为网页采集的数据往往是字符型的数据。在数据预处理时,需要将字符型数据转化为数值型数据,才能进行后续的步骤。astype 的一般语法格式为:

DataFrame [column].astype(dtype _ new)

其中,DataFrame [column]表示 DataFrame 中的某一列,即将这一列的数据类型转为 dtype _ new。

【例7-10】 转化数据类型。

```
df2["销售金额"] = df2["销售金额"].astype(float)
df2.dtypes
```

运行结果如下:

```
门店名称      object
销售金额      float64
dtype:object
```

(5) 索引的名称修改。在 DataFrame 中,可以通过 rename()函数实现指定修改,可以通过 df. columns、df. index 对索引实现重新赋值。

【例7-11】 修改索引名称。

```
df2.rename(columns = {"销售金额":"销售额"},
          index = {"NT04":"NT03"})
```

运行结果如图 7-8 所示。

门店代码	门店名称	销售额
NT02	濠北店	2672.2
NT03	虹桥店	1683.9
NT14	海安店	5513.8
NT17	小海店	2386.9

图 7-8　[例 7-11]运行结果

【例 7-12】　索引名称重新赋值。

df2.columns = ["门店名称","销售金额"]

df2.index = ["NT01","NT02","NT03","NT04"]

df2

运行结果如图 7-9 所示。

	门店名称	销售金额
NT01	濠北店	2672.2
NT02	虹桥店	1683.9
NT03	海安店	5513.8
NT04	小海店	2386.9

图 7-9　[例 7-12]运行结果

任务三　Pandas 读写文件

系统采集到的大量数据一般存储在外部文件中,在数据分析时,经常需要将文件中的数据读入程序,并存储为 DataFrame 对象。处理完数据后,需要将数据保存到外部文件中。Pandas 能够导入多种外部数据,常见的数据格式包括 xlsx 文件、csv 文件等。

一、读取 xlsx 文件

Pandas 提供了 read_excel()函数来读取 xlsx 文件,读取到的数据将自动转换成 DataFrame 类型的数据,常见参数及说明如表 7-4 所示。

表 7-4　　　　　　　　　　read_excel()函数的常见参数及说明

参数	说明
sheet_name	sheet_name=0,导入第一页,不填时默认为 0 sheet_name='表名',按"表名"打开相应表格

(续表)

参数	说明
header	header＝0，将第一行数据作为列名
index_col	index_col＝0，以第一列作为行索引，不填时自动分配从 0 开始的索引

【例 7-13】 导入"D:\数据\6 月工资统计表.xlsx"，内容如图 7-10 所示。

	A	B	C	D
1	姓名	职务	基本工资	津贴
2	牛召明	总经理	8330	4306
3	王俊东	副总经理	6245	2008
4	王浦泉	副总经理	8221	3849
5	刘蔚	经理	5741	1321
6	孙安才	经理	5677	3311
7	张威	经理	9157	2400
8	李呈选	组长	5617	3037
9	李丽娟	组长	5382	1385
10	李仁杰	组长	6788	3760

图 7-10　6 月工资统计表

代码如下：

```
import pandas as pd

df = pd.read_excel(r"D:\数据\6 月工资统计表.xlsx")
df.head(5)      ＃  数据行数较多时，只显示前 5 行
```

运行结果如图 7-11 所示。

	姓名	职务	基本工资	津贴
0	牛召明	总经理	8330	4306
1	王俊东	副总经理	6245	2008
2	王浦泉	副总经理	8221	3849
3	刘蔚	经理	5741	1321
4	孙安才	经理	5677	3311

图 7-11　[例 7-13]运行结果

默认情况下，系统将直接读取第一张工作表的数据，并且自动用读取的数据构造一个 DataFrame 对象，将此 DataFrame 对象赋值给 df 变量。可以看出，DataFrame 对象自动将 Excel 表格的列标题（第一行数据）作为 df 的列索引，同时自动为 df 添加了从 0 开始的整数行索引。

二、保存文件

在 Pandas 中,处理后的数据可以被保存,保存的格式有 txt,csv,xlsx 等,而其中 xlsx 是常用的保存格式,通过 to＿excel()函数可以实现以 xlsx 文件格式的保存。

【例 7-14】　保存文件。

```
df.to_excel(r"D:\数据\工资统计表.xlsx")
```

运行结果如图 7-12 所示。

	A	B	C	D	E
1		姓名	职务	基本工资	津贴
2	0	牛召明	总经理	8330	4306
3	1	王俊东	副总经理	6245	2008
4	2	王浦泉	副总经理	8221	3849
5	3	刘蔚	经理	5741	1321
6	4	孙安才	经理	5677	3311
7	5	张威	经理	9157	2400
8	6	李呈选	组长	5617	3037
9	7	李丽娟	组长	5382	1385
10	8	李仁杰	组长	6788	3760

图 7-12　[例 7-14]运行结果

Pandas 还支持 csv 格式文本文件的读取与保存,read_csv()函数、to_csv()函数的一般格式可以参考 read_excel()函数、to_excel()函数。

> **随堂练习:**
>
> 图 7-12 中保存的文件包含 DataFrame 对象自动添加的行索引,在输出时可以通过设置什么参数去除"A"列?

任务四　实训任务

【任务 7-1】　根据表 7-5,创建 DataFrame。

表 7-5　　　　　　　　　　　　创建 DataFrame 源数据

学号	姓名	绩点
101	周丽	4.1
102	盛照	4.5
103	刘诺	3.8

具体代码如下:

```
import pandas as pd
```

```
list2 = [["周丽",4.1],["盛照",4.5],["刘诺",3.8]]
df2 = pd.DataFrame(list2,columns = ["姓名","绩点"],index = [101,102,103])
print(df2)
```

运行结果如下：

```
     姓名  绩点
101  周丽  4.1
102  盛照  4.5
103  刘诺  3.8
```

【任务 7-2】 查看 df2 的行列数、行列索引的名称。

```
print(df2.shape)
print(df2.index)
print(df2.columns)
```

运行结果如下：

```
(3, 2)
Int64Index([101, 102, 103], dtype = 'int64')
Index(['姓名', '绩点'], dtype = 'object')
```

【任务 7-3】 为行索引列添加索引名"学号"，重置索引，将姓名列设为索引。

```
df2.index.name = "学号"
df2 = df2.reset_index()
df2 = df2.set_index("姓名")
print(df2)
```

运行结果如下：

```
姓名  学号   绩点
周丽  101  4.1
盛照  102  4.5
刘诺  103  3.8
```

【任务 7-4】 查看 df2 的数据类型。

```
df2.dtypes
```

运行结果如下：

```
学号    int64
绩点    float64
```

dtype:object

 拓展阅读

模块化数据中心的落地开花

如今,我们正处于一个技术高速发展的时代,对数据处理和存储的需求量也爆发式增长。如何适应这个快速发展的时代,大数据中心作为互联互通世界的重要纽带,在其中发挥着关键作用。为了满足各行各业对数字服务更精细化的需求,世界各地数据中心正积极探索提高效能的数据处理方法,向适应性的目标进行变革。

知行合一

这一转变背后催生出了预制模块化数据中心形式的标准化数据处理模块的广泛运用。这些创新的模块为数据使用者提供了诸多便利。例如,Pandas 最初被作为金融数据分析工具而开发,Pandas 为时间序列分析提供了很好的支持,也能为庞大的数据处理提供高效的支持,如今已经得到了广泛应用。这系列的模块化数据的出现,使数据中心能够优化性能,提高扩展性,保持可持续性。

 课后练习

一、选择题

1. 下列说法不正确的是(　　)。
   A. 创建索引时若没有为数据指定索引,默认会创建一个 $1 \sim N$(N 为数据长度)的整数型索引
   B. 可以通过 Series 的 index 属性获取索引
   C. 可以通过索引的方式选取 Series 中的单个或一组值
   D. Series 的字符串表现形式为索引在左边,值在右边
2. 对于数组 obj=pd.Series([4,7,-5,3]),下列各项中,可以选中左数第一个值的是(　　)。
   A. obj[1]　　　　B. obj[-4]　　　　C. obj[0]　　　　D. obj(0)
3. 下列关于 DataFrame 的说法不正确的是(　　)。
   A. DataFrame 是一个表格型的数据结构
   B. 它含有一组有序的列,每列可以是不同的类型
   C. 既有行索引,又有列索引
   D. 只有列索引可以自定义,行索引为自动生成的整数型索引
4. 下列各项中,可以用来查看 df 前五行的是(　　)。
   A. df.tail(5)　　　　　　　　B. df.describe()
   C. df.head()　　　　　　　　D. df.index
5. 下列各项中,可以用来查看 df 列名的是(　　)。
   A. df.columns　　　　　　　　B. df.values

C. df. describe( )   D. df. index

二、操作题

1. 现有列表数据[1,2,3,4],利用该列表生成一个 Series,索引分别设置为 A,B,C,D,并将 Series 的第一个元素改为 100。

2. 利用字典 data1＝{"a":[1,2,3],"b":[4,5,6],"c":[7,8,9]}生成一个 DataFrame 对象 df1,完成以下操作:

(1) 输出 df1 的行索引、列索引。

(2) 修改列索引为["b","a","c"]。

(3) 修改行索引为["f1","f2","f3"]。

(4) 还原索引。

(5) 保存为 xlsx 文件。

项目八 数据的查、增、删、改

 知识目标

◎ 掌握 DataFrame 查找操作

◎ 掌握 DataFrame 新增操作

◎ 掌握 DataFrame 删除操作

◎ 掌握 DataFrame 修改操作

◎ 掌握 apply()函数的使用

 能力目标

◎ 能够对 DataFrame 进行查找操作

◎ 能够对 DataFrame 进行新增操作

◎ 能够对 DataFrame 进行删除操作

◎ 能够对 DataFrame 进行修改操作

 素养目标

◎ 培养学生对数据结构的切片操作能力

◎ 培养学生的数据思维能力

任务一 数据筛选

一、直接筛选数据

直接筛选可以完成单列、多列、多行数据的选取,但是在选择多列数据时不能使用切片操作,只能通过列名组成的列表选择多列数据。

1. 选取单列数据

在 DataFrame 中,每一列数据的查询都可以通过列名读取来实现,选取单列数据的基本语法格式为：

DataFrame [column]

【例8-1】 打开"D:\数据\6月工资统计表.xlsx"，筛选出 df 中的"姓名"列。

```
import pandas as pd
df = pd. read_excel(r"D:\数据\6月工资统计表.xlsx")
df['姓名']
```

运行结果如下：

```
0    牛召明
1    王俊东
2    王浦泉
3    刘蔚
4    孙安才
5    张威
6    李呈选
7    李丽娟
8    李仁杰
Name:姓名，dtype:object
```

2. 选取多列数据

在 DataFrame 中，访问多列数据时需要将多个列名 columns 放入一个列表[]中，选取多列数据的基本语法格式为：

DataFrame [[columns]]

【例8-2】 筛选出 df 中的"姓名"列和"基本工资"列。

df[['姓名', '基本工资']]

运行结果如图8-1所示。

	姓名	基本工资
0	牛召明	8330
1	王俊东	6245
2	王浦泉	8221
3	刘蔚	5741
4	孙安才	5677
5	张威	9157
6	李呈选	5617
7	李丽娟	5382
8	李仁杰	6788

图8-1 [例8-2]运行结果

3. 选取多行数据

选取多行数据的一般格式为：

df[i:j]

💡 **注意：**

其中 i,j 为位置索引，类似于列表的切片，遵循前闭后开原则。

【例 8-3】 筛选出行索引位置 2 至 5 的数据。

df[2:5]

运行结果如图 8-2 所示。

	姓名	职务	基本工资	津贴
2	王浦泉	副总经理	8221	3849
3	刘蔚	经理	5741	1321
4	孙安才	经理	5677	3311

图 8-2　[例 8-3]运行结果

二、条件筛选

条件筛选将根据布尔条件选择对应的行。一般格式如下：

df[df[column] == 条件]或者
df[(df[column1]>条件 1)&(df[column2] == 条件 2)]

【例 8-4】 筛选出职务是经理的数据行。

df[df['职务'] = = "经理"]

运行结果如图 8-3 所示。

	姓名	职务	基本工资	津贴
3	刘蔚	经理	5741	1321
4	孙安才	经理	5677	3311
5	张威	经理	9157	2400

图 8-3　[例 8-4]运行结果

【例 8-5】 筛选出职务是经理并且基本工资大于 8000 的数据。

df[(df['职务'] = = "经理") & (df['基本工资'] >8000)]

运行结果如图 8-4 所示。

	姓名	职务	基本工资	津贴
5	张威	经理	9157	2400

图 8-4　[例 8-5]运行结果

三、loc( )函数筛选数据

loc( )函数是针对 DataFrame 索引名称的数据访问方法,loc( )函数的基本语法格式为:

DataFrame.loc [auto _ index]
或
DataFrame.loc [set _ index]

其中,auto_index 表示自动生成的行索引,set_index 表示用户设置的行索引。如果没有自定义索引,则使用自动生成的行索引。

1. 利用自动生成的索引选取数据

利用自动生成的索引选取数据时,auto_index 可以是单个索引,也可以是多个不连续或连续的索引。选取多个不连续索引时,需要将这些索引放入一个列表中。选取多个连续索引时,可以使用冒号连接起始索引和终止索引,并且起始索引和终止索引都包含在内。

【例 8-6】 选取行索引为 5 的数据。

df.loc[5]

运行结果如下:

```
姓名        张威
职务        经理
基本工资      9157
津贴        2400
Name:5, dtype:object
```

【例 8-7】 选取行索引为 1 和 5 的数据。

df.loc[[1,5]]

运行结果如图 8-5 所示。

	姓名	职务	基本工资	津贴
1	王俊东	副总经理	6245	2008
5	张威	经理	9157	2400

图 8-5　[例 8-7]运行结果

【例 8-8】　选取行索引为 1 至 5 的数据。

df.loc[1:5]

运行结果如图 8-6 所示。

	姓名	职务	基本工资	津贴
1	王俊东	副总经理	6245	2008
2	王浦泉	副总经理	8221	3849
3	刘蔚	经理	5741	1321
4	孙安才	经理	5677	3311
5	张威	经理	9157	2400

图 8-6　[例 8-8]运行结果

在使用 loc()函数的时候,如果内部传入的行索引名称为一个区间,则前后均为闭区间。

2. 利用自定义索引选取数据

除了利用自动生成索引选取数据以外,还可以利用自定义索引选取数据。

【例 8-9】　设置"姓名"列为行索引,筛选单行数据。

df = df.set_index("姓名")
df.loc['刘蔚']

运行结果如下:

```
职务        经理
基本工资      5741
津贴        1321
Name:刘蔚, dtype:object
```

【例 8-10】　筛选不连续多行数据。

df.loc[['刘蔚', '李丽娟']]

运行结果如图 8-7 所示。

姓名	职务	基本工资	津贴
刘蔚	经理	5741	1321
李丽娟	组长	5382	1385

图 8-7 [例 8-10]运行结果

【例 8-11】 筛选连续多行数据。

df.loc['刘蔚':'李丽娟']

运行结果如图 8-8 所示。

姓名	职务	基本工资	津贴
刘蔚	经理	5741	1321
孙安才	经理	5677	3311
张威	经理	9157	2400
李呈选	组长	5617	3037
李丽娟	组长	5382	1385

图 8-8 [例 8-11]运行结果

3. 多行多列数据的筛选

在 DataFrame 中,除了可以利用索引选取行数据,还可以利用 loc()函数设置筛选条件选取多行多列数据。其一般语法格式为:

DataFrame.loc[index_name, col_name]
或
DataFrame.loc[df[column] == 条件组合, col_name]

其中,index_name 和 col_name 可以是单个值,也可以是多个值,多个值时可以使用列表或切片。

【例 8-12】 多行多列数据的筛选。

df.loc [['刘蔚','李丽娟'],["职务","基本工资"]]

运行结果如图 8-9 所示。

姓名	职务	基本工资
刘蔚	经理	5741
李丽娟	组长	5382

图 8-9 [例 8-12]运行结果

随堂练习：

使用 loc()函数筛选职务为经理的"基本工资"列数据。

四、iloc()函数筛选数据

iloc()函数是基于位置索引(即不使用行标签和列标签名,而是使用整数位置索引编号,位置索引编号均从 0 开始按顺序编号),利用数据元素在各个轴上的位置索引编号进行数据的选择。当执行切片操作时,要注意切片的位置执行前闭后开原则。

【例 8-13】　利用 iloc()函数筛选数据。

```
df.iloc[1:3]
```

运行结果如图 8-10 所示。

姓名	职务	基本工资	津贴
王俊东	副总经理	6245	2008
王浦泉	副总经理	8221	3849

图 8-10　[例 8-13]　运行结果

任务二　数据的增加

在 DataFrame 中,数据的增加包括按列和按行增加数据。

一、按列增加数据

1. 直接赋值

在 DataFrame 中,添加一列有多种方法。而在新建列的时候,需要先创建一个列名,再通过直接赋值、公式计算或函数等方法生成列数据。其一般语法格式为:

```
DataFrame[new_column] = value
```

【例 8-14】　打开"D:\数据\6 月工资统计表.xlsx",新增"应发工资"列。

```
import pandas as pd
df = pd.read_excel(r"D:\数据\6 月工资统计表.xlsx")
df['应发工资'] = df['基本工资'] + df['津贴']
df.head()
```

运行结果如图 8-11 所示。

	姓名	职务	基本工资	津贴	应发工资
0	牛召明	总经理	8330	4306	12636
1	王俊东	副总经理	6245	2008	8253
2	王浦泉	副总经理	8221	3849	12070
3	刘蔚	经理	5741	1321	7062
4	孙安才	经理	5677	3311	8988

图 8-11 ［例 8-14］运行结果

2. 指定位置插入列

insert() 函数可以实现在指定位置插入列,其一般语法格式如下:

```
DataFrame.insert(loc, column, value, allow_duplicates = False)
```

其中,loc 表示数据插入后在第几列,取整数,从 0 开始;column 表示插入列的列索引名称;value 为插入的列数据;allow_duplicates 表示是否允许列标签重复,如果为 True 则允许,默认为 False 不允许。

【例 8-15】 在第 4 列插入列"加班工资"。

```
df.insert(3,'加班工资',0)
df.head()
```

运行结果如图 8-12 所示。

	姓名	职务	基本工资	加班工资	津贴	应发工资
0	牛召明	总经理	8330	0	4306	12636
1	王俊东	副总经理	6245	0	2008	8253
2	王浦泉	副总经理	8221	0	3849	12070
3	刘蔚	经理	5741	0	1321	7062
4	孙安才	经理	5677	0	3311	8988

图 8-12 ［例 8-15］运行结果

二、按行增加数据

按行增加数据,即在 DataFrame 对象末尾增加一行,可以通过 loc() 函数来实现增加一行数据。

【例 8-16】　在末尾增加合计行。

df.loc['合计'] = ''
df.tail()

运行结果如图 8-13 所示。

	姓名	职务	基本工资	加班工资	津贴	应发工资
5	张威	经理	9157	0	2400	11557
6	李呈选	组长	5617	0	3037	8654
7	李丽娟	组长	5382	0	1385	6767
8	李仁杰	组长	6788	0	3760	10548
合计						

图 8-13　[例 8-16]运行结果

任务三　数据的删除

在 DataFrame 中,如果不需要某些行或某些列,可以使用 drop()函数删除数据。drop()函数的一般语法格式为:

DataFrame.drop (labels, axis, inplace)

drop()函数常用参数,如表 8-1 所示。

表 8-1　　　　　　　　　　　　　　　　drop()函数常用参数

参数	描述
labels	删除的行或列的标签
axis	axis=0,删除行,默认为 0;axis=1,删除列
columns	columns=labels,删除列
index	index=labels,删除行
inplace	默认为 False,返回新的 df;True 表示直接在原数据上删除

【例 8-17】　删除"加班工资""应发工资"列和"合计"行数据。

df.drop(columns = "加班工资",inplace = True)
df.drop(columns = "应发工资",inplace = True)

```
df.drop(index ='合计',inplace = True)
df.tail()
```

运行结果如图 8-14 所示。

	姓名	职务	基本工资	津贴
4	孙安才	经理	5677	3311
5	张威	经理	9157	2400
6	李呈选	组长	5617	3037
7	李丽娟	组长	5382	1385
8	李仁杰	组长	6788	3760

图 8-14　[例 8-17]运行结果

任务四　数据的修改

在 DataFrame 中,数据修改的原理是将这部分数据提取出来,重新赋值为新的数据。数据的提取可以使用直接筛选、loc()函数提取等方法。

当对 DataFrame 的各个元素逐行或逐列进行修改时,一般会使用 apply()函数,其一般语法格式如下:

```
Series.apply(function)      #  将 Series 中的每个元素执行 function()函数并得到
                               返回值
DataFrame.apply(function,axis)
```

其中,axis 默认为 0,表示对 DataFrame 中的每一列数据执行 function()函数;axis 为 1 时,表示对 DataFrame 中的每一行数据执行 function()函数。

【例 8-18】　将职务为经理的人员津贴增加 500。

```
#   df.loc[df["职务"] = ="经理","津贴"] + = 500
#   使用 loc()函数实现方式
df["津贴"] + = df['职务'].apply(lambda x:500 if x = ='经理' else 0)
df
```

df['职务']列的数据结构为 Series 类型,对 df['职务']列中的每个数据进行判断,如果是经理就返回 500,运行结果如图 8-15 所示。

	姓名	职务	基本工资	津贴
0	牛召明	总经理	8330	4306
1	王俊东	副总经理	6245	2008
2	王浦泉	副总经理	8221	3849
3	刘蔚	经理	5741	1821
4	孙安才	经理	5677	3811

图 8-15 ［例 8-18］运行结果

【例 8-19】 增加"应发工资"列和"合计"行。

df['应发工资'] = df[['基本工资','津贴']].apply(sum, axis = 1)

df.loc['合计'] = df[['基本工资','津贴', '应发工资']].apply(sum, axis = 0)

df

df[['基本工资','津贴']]为 DataFrame 数据结构,计算"应发工资"时,axis=1,即将每一行的数据求和;在计算"合计"行时,axis=0,即将每一列的数据求和。运行结果如图 8-16 所示。

	姓名	职务	基本工资	津贴	应发工资
0	牛召明	总经理	8330	4306	12636.0
1	王俊东	副总经理	6245	2008	8253.0
2	王浦泉	副总经理	8221	3849	12070.0
3	刘蔚	经理	5741	1821	7562.0
4	孙安才	经理	5677	3811	9488.0
5	张威	经理	9157	2900	12057.0
6	李呈选	组长	5617	3037	8654.0
7	李丽娟	组长	5382	1385	6767.0
8	李仁杰	组长	6788	3760	10548.0
合计	NaN	NaN	61158.0	26877.0	88035.0

图 8-16 ［例 8-19］运行结果

任务五 实 训 任 务

【任务 8-1】 利用 read_excel 导入文件"案例数据 89. xlsx",生成新列"销售金额"。

import pandas as pd

```
df = pd.read_excel(r"D:/数据/案例数据89.xlsx")
df["销售金额"] = df["数量"] * df["销售单价"]
df.head()
```

运行结果如图 8-17 所示。

	销售日期	客户代码	地区	销售人员	产品类型	产品型号	数量	销售单价	发票号码	销售金额
0	2022-01-01 00:00:00	C113	安徽	于倩	尿不湿	NB-006	21.0	60.000	NE0012966	1260.000
1	2022-01-01 00:00:00	C113	安徽	于倩	奶瓶	SE-015	67.0	356.337	NE0012966	23874.579
2	2022-01-01 00:00:00	C113	安徽	于倩	奶瓶	SE-015	67.0	356.337	NE0012966	23874.579
3	2022-01-01 00:00:00	C113	安徽	于倩	奶瓶	SE-015	67.0	356.337	NE0012966	23874.579
4	2022-01-01 00:00:00	C113	安徽	于倩	奶瓶	SE-018	22.0	397.800	NE0012966	8751.600

图 8-17 ［任务 8-1］运行结果

【任务 8-2】 删除"销售日期"列,结果重新赋值给 df1。

```
df1 = df.drop(labels = "销售日期", axis = 1)
df1.head()
```

运行结果如图 8-18 所示。

	客户代码	地区	销售人员	产品类型	产品型号	数量	销售单价	发票号码	销售金额
0	C113	安徽	于倩	尿不湿	NB-006	21.0	60.000	NE0012966	1260.000
1	C113	安徽	于倩	奶瓶	SE-015	67.0	356.337	NE0012966	23874.579
2	C113	安徽	于倩	奶瓶	SE-015	67.0	356.337	NE0012966	23874.579
3	C113	安徽	于倩	奶瓶	SE-015	67.0	356.337	NE0012966	23874.579
4	C113	安徽	于倩	奶瓶	SE-018	22.0	397.800	NE0012966	8751.600

图 8-18 ［任务 8-2］运行结果

【任务 8-3】 选取 df1 中"产品型号""销售金额"两列。

```
df1[["产品型号","销售金额"]].head()
```

运行结果如图 8-19 所示。

	产品型号	销售金额
0	NB-006	1260.000
1	SE-015	23874.579
2	SE-015	23874.579
3	SE-015	23874.579
4	SE-018	8751.600

图 8-19 ［任务 8-3］运行结果

【任务 8-4】　选取 df1 中行索引为 2 至 4 的"客户代码""销售人员"两列。

df1.loc[2:4,["客户代码","销售人员"]]

运行结果如图 8-20 所示。

	客户代码	销售人员
2	C113	于倩
3	C113	于倩
4	C113	于倩

图 8-20　[任务 8-4]运行结果

【任务 8-5】　选取 df1 中产品类型为"奶瓶"并且销售金额大于 10000 的行。

df1[(df1["产品类型"]=="奶瓶")&(df1["销售金额"]>10000)].head()

运行结果如图 8-21 所示。

	客户代码	地区	销售人员	产品类型	产品型号	数量	销售单价	发票号码	销售金额
1	C113	安徽	于倩	奶瓶	SE-015	67.0	356.337	NE0012966	23874.579
2	C113	安徽	于倩	奶瓶	SE-015	67.0	356.337	NE0012966	23874.579
3	C113	安徽	于倩	奶瓶	SE-015	67.0	356.337	NE0012966	23874.579
14	C214	安徽	于倩	奶瓶	SE-006	100.0	187.200	NE0012966	18720.000
15	C214	安徽	于倩	奶瓶	SE-006	100.0	187.200	NE0012966	18720.000

图 8-21　[任务 8-5]运行结果

【任务 8-6】　选取 df1 中产品类型为奶瓶的"产品型号"和"销售金额"两列。

df1.loc[df1["产品类型"]=="奶瓶",["产品型号","销售金额"]].head()

运行结果如图 8-22 所示。

	产品型号	销售金额
1	SE-015	23874.579
2	SE-015	23874.579
3	SE-015	23874.579
4	SE-018	8751.600
14	SE-006	18720.000

图 8-22　[任务 8-6]运行结果

**拓展阅读**

大数据营销激发企业新动力

随着数字经济的发展,电商市场的规模日益扩大,电子商务已经成为人们生活中不可或缺的一部分。与此同时,随着数字化和智能化的应用,以数据驱动的电子商务模式也在逐渐取代传统的电商运营模式,以更加精准、高效、个性化的电商形式成为企业和品牌营销的重中之重。对消费者的偏好分析与个性筛选也考验着各大电商平台对大数据的理解与分析,如何在海量数据中提取有价值的信息,是各个电商平台的努力目标。

大数据营销是基于多平台的大量数据,依托大数据技术,应用于互联网广告行业的营销方式。大数据营销的核心在于让网络广告在合适的时间,通过合适的载体,以合适的方式,投放给合适的人。因此,提高数据价值,才能给电商市场中的各个企业带来更高的投资回报率。

知行合一

课 后 练 习

一、选择题

1. 下列各项中,可以用来选取 df 中列名为 A 和 B 的两列的是(　　)。
   A. df['A','B']　　　　B. df(A,B)　　　　C. df[['A','B']]　　　　D. df(['A','B'])

2. 下列各项中,可以获取 df 元素个数的是(　　)。
   A. df. values　　　B. df. size　　　C. df. columns　　　D. df. ndim

3. 下列各项中,可以获取 df 形状的是(　　)。
   A. df. shape　　　B. df. T　　　C. df. values　　　D. df. size

4. 下列各项中,可以对 df 的前三行进行切片的是(　　)。
   A. df[1:4]　　　B. df[0:3]　　　C. df([0:3])　　　D. df([1:4])

5. 下列各项中,可以用来选取 df 中 A 列取值大于 0 的行的是(　　)。
   A. df[df[A]>0]　　　　　　　　B. df['A'>0]
   C. df[df['A']>0]　　　　　　　D. df[df. 'A'>0]

6. 执行下列程序,输出的结果是(　　)。

```
import pandas as pd
df = pd.DataFrame([[1,2],[3,4],[5,6],[7,8]])
df.index = ['a','b','c','d']
df.columns = ['1','2']
df.insert(1,'3',[9,10,11,12])
df.drop('c',inplace = True)
print(df.iloc[1,2])
```

A. 4　　　　　　　B. 9　　　　　　　C. 2　　　　　　　D. 10

二、填空题

1. 执行下列程序,输出的结果为_____。

```
import pandas as pd
df = pd.DataFrame([[1,2,3],[4,5,6],[7,8,9]])
df.rename({0:'a',1:'b',2:'c'},axis = 1,inplace = True)
df.insert(1,'d',[10,11,12])
print(df.loc[1,'b'])
```

2. 执行下列程序,输出的结果为_____。

```
import pandas as pd
df = pd.DataFrame([[1,2,3],[4,5,6],[7,8,9]])
df.columns = ['a','b','c']
df.index = ['k','m','n']
df.insert(1,'d',10)
df.loc['i'] = [11,12,13,14]
df.drop(['k'],inplace = True)
print(df.loc['n','d'])
```

三、操作题

打开"6月应发工资.xlsx",完成下列操作:

(1) 增加"序号"列。

(2) 设置序号为行索引。

(3) 修改索引名称"6月应发工资"为"基本工资"。

(4) 行索引从1开始。

(5) 删除行,只保留前6行数据。

(6) 输出"姓名"列。

(7) 输出"姓名"列和"岗位"列。

(8) 输出第1行和第3行人员的数据。

(9) 输出工资大于8 000元的行。

(10) 将第4行姓名"岳万"修改为自己的名字。

(11) 增加"绩效工资"列,如果部门是办公室则为5 000元,其他为3 000元。

(12) 增加"应发工资"列。

(13) 在最下面增加一行"合计"行。

项目九　数据清洗

知识目标

◎ 了解数据清洗的概念
◎ 掌握数据清洗的常见操作

能力目标

◎ 能够按要求删除数据的空值
◎ 能够按要求删除数据的重复值
◎ 能够利用指定值填充空值
◎ 能够将数据中的指定值进行替换

素养目标

◎ 培养学生对数据价值的分析能力
◎ 培养学生数据安全、数据维护的认知能力

任务一　数据的去空与填充

如果数据中的某个或某些特征的值不完整，那么这些值就称为缺失值，简单来说，缺失值就是空值。

一、查看空值

Pandas 提供了识别空值的函数 isnull() 或 isna()，这两个函数在使用时返回布尔值 True 和 False。isnull() 函数的常用方法如表 9-1 所示。

表 9-1　　　　　　　　　　　　　　　　isnull() 函数的常用方法

方法	描述
df. isnull()	查看缺失值位置

（续表）

方法	描述
df. isnull(). any()	判断某一列是否有缺失值
df. isnull(). sum()	统计每列缺失值数量
df. isnull(). sum(). sum()	统计 DataFrame 中缺失值合计数
df[]. isnull(). value_counts()	指定行列空值的数量

【例 9-1】 打开"12 月 1 日销售数据. xlsx"，使用 isnull()函数，统计空值列及空值数。

```
import pandas as pd

df = pd. read_excel(r"D:\数据\12 月 1 日销售数据. xlsx")
df. head(6)
```

运行结果如图 9-1 所示。

	销售日期	交易编号	产品	类别	区域	销售数量	价格	成本
0	2021年12月1日	14316935.0	亨氏400g黑米红枣米粉	营养辅食	nt	1	293.48	190.00
1	2021年12月1日	14316935.0	亨氏400g黑米红枣米粉	营养辅食	nt	1	293.48	190.00
2	2021年12月1日	NaN	明治草莓味酱饼干条25g	营养辅食	nt	4	126.40	199.00
3	2021年12月1日	14393049.0	菲丽洁小绵羊油套装	洗涤护理	yc	2	68.99	138.00
4	2021年12月1日	14383357.0	大王天使纸尿裤XL30片	纸尿裤	NaN	nt	1	146.74	95.00
5	2021年12月1日	14365973.0	大王天使短裤式纸尿裤20片	纸尿裤	nt	1	79.89	32.88

图 9-1 ［例 9-1]数据表内容

```
print("检查缺失值:\n", df. isnull(). head(6))
```

运行结果如下：

```
检查缺失值：
   销售日期  交易编号  产品   类别   区域   销售数量  价格   成本
0  False  False  False  False  False  False  False  False
1  False  False  False  False  False  False  False  False
2  False  True   False  False  False  False  False  False
3  False  False  False  False  False  False  False  False
4  False  False  False  True   False  False  False  False
5  False  False  False  False  False  False  False  False
```

```
print("统计每列缺失值的个数:\n", df. isnull(). sum())
```

运行结果如下：

统计每列缺失值的个数：

销售日期	0
交易编号	1
产品	0
类别	1
区域	0
销售数量	0
价格	0
成本	0

dtype：int64

二、删除空值

删除空值是删除带有空值的行或列，它属于利用减少样本量来换取信息完整度的一种方法，是一种最简单的空值处理方法。Pandas 提供了删除空值的 dropna( )函数，该函数可以删除带有空值的行或列。dropna( )函数的一般语法格式为：

DataFrame.dropna（axis，how，subset =［columns&index］，inplace）

dropna( )函数常用参数，如表 9-2 所示。

表 9-2 dropna( )函数常用参数

参数	描述
axis	axis＝0 表示删除空值所在的行，axis＝1 表示删除空值所在的列，默认为 0
how	how＝'any'表示只要有空值存在就删除，how＝'all'表示全部为空值时就删除，默认为 any
subset	表示进行去空操作的列或行
inplace	True 表示在原数据上进行修改，默认为 False

【例 9-2】 删除"交易编号"为空值的行。

df.dropna（subset =［"交易编号"］，inplace = True）
df.head( )

运行结果如图 9-2 所示。

	销售日期	交易编号	产品	类别	区域	销售数量	价格	成本
0	2021年12月1日	14316935.0	亨氏400g黑米红枣米粉	营养辅食	nt	1	293.48	190.00
1	2021年12月1日	14316935.0	亨氏400g黑米红枣米粉	营养辅食	nt	1	293.48	190.00
3	2021年12月1日	14393049.0	菲丽洁小绵羊油套装	洗涤护理	yc	2	68.99	138.00
4	2021年12月1日	14383357.0	大王天使纸尿裤XL30片	NaN	nt	1	146.74	95.00
5	2021年12月1日	14365973.0	大王天使短裤式纸尿裤20片	纸尿裤	nt	1	79.89	32.88

图 9-2 ［例 9-2］运行结果

三、填充空值

在进行数据分析时,数据或多或少都会有一些瑕疵,如数据缺失。对于空值的处理,除了直接删除,还可以使用空值填充。空值填充是指用一个特定值或是一种方法填充空值,空值填充的函数为 fillna()。fillna()函数的一般语法格式为:

DataFrame. fillna (value, method, axis, inplace, limit)

fillna()函数的常用参数,如表 9-3 所示。

表 9-3　fillna()函数常用参数

参数	描述
value	接收数值、字符串、字典、Series,用来替换缺失值的数据
method	bfill 表示用下一个值填充,ffill 表示用前一个非空值填充
inplace	True 表示在原数据上进行修改,默认为 False
axis	接收 0 或 1

【例 9-3】 通过分析表格,对"类别"为空值的数据以"纸尿裤"填充。

df.fillna({"类别":"纸尿裤"}, inplace = True)
df.head()

运行结果如图 9-3 所示。

	销售日期	交易编号	产品	类别	区域	销售数量	价格	成本
0	2021年12月1日	14316935.0	亨氏400g黑米红枣米粉	营养辅食	nt	1	293.48	190.00
1	2021年12月1日	14316935.0	亨氏400g黑米红枣米粉	营养辅食	nt	1	293.48	190.00
3	2021年12月1日	14393049.0	菲丽洁小绵羊油套装	洗涤护理	yc	2	68.99	138.00
4	2021年12月1日	14383357.0	大王天使纸尿裤XL30片	纸尿裤	nt	1	146.74	95.00
5	2021年12月1日	14365973.0	大王天使短裤式纸尿裤20片	纸尿裤	nt	1	79.89	32.88

图 9-3　[例 9-3]运行结果

任务二　数据的去重与替换

处理重复数据是数据分析经常面对的问题。对重复数据进行处理前,需要分析重复数据产生的原因及去除这部分数据后可能造成的不良影响。常见的数据重复分为两种:一种为记录重复,即一个或者多个特征值的某几条记录的值完全相同;另一种为特征重复,即存在一个或者多个特征名称不同,但数据完全相同的情况。

115

一、检测重复值

去除重复数据之前,需要了解数据中的重复情况,Pandas 提供了 duplicated()函数,用来查看数据中的重复情况。duplicated()函数的一般语法格式为:

```
DataFrame.duplicated(subset)
```

其中,subset 表示列名,默认为 None,表示全部列,即如果一行的所有列出现重复就返回结果。

【例9-4】 查询表中是否有重复数据。

```
df.duplicated()
```

运行结果如下:

```
0     False
1     True
3     False
4     False
5     False
6     False
7     False
8     False
9     False
10    False
11    False
12    False
13    False
14    False
15    False
16    False
17    False
dtype:bool
```

从返回的结果可以看到,索引号为 1 的数据和索引号为 0 的数据重复。

二、删除重复值

去除重复数据可以使用 Pandas 提供的去重函数 drop_duplicates(),使用该函数对数据进行去重,不会改变数据源的原始排列,并且具有代码简洁和运行稳定的优点。drop_duplicates()函数的一般语法格式为:

DataFrame.drop_duplicates (subset，keep，inplace)

drop_duplicates()函数的常用参数，如表 9-4 所示。

表 9-4　　　　　　　　　　　　drop_duplicates( )函数的常用参数

参数	描述
subset	表示进行去重的列，默认使用全部列
keep	默认 first 为保留第一个；last 为保留最后一个；False 为删除所有重复性
inplace	True 表示在原数据上进行修改，默认为 False

【例 9-5】　删除索引号为 1 的重复数据(第 2 行数据)。

df.drop_duplicates(inplace = True)
df.head( )

运行结果如图 9-4 所示。

	销售日期	交易编号	产品	类别	区域	销售数量	价格	成本
0	2021年12月1日	14316935.0	亨氏400g黑米红枣米粉	营养辅食	nt	1	293.48	190.00
3	2021年12月1日	14393049.0	菲丽洁小绵羊油套装	洗涤护理	yc	2	68.99	138.00
4	2021年12月1日	14383357.0	大王天使纸尿裤XL30片	纸尿裤	nt	1	146.74	95.00
5	2021年12月1日	14365973.0	大王天使短裤式纸尿裤20片	纸尿裤	nt	1	79.89	32.88
6	2021年12月1日	14295766.0	双鹰遥控履带挖掘机(1:20)	玩具	nt	1	321.24	299.00

图 9-4　［例 9-5］运行结果

三、数据的替换

在处理数据时，经常会遇到需要批量替换的情况，如果逐一进行修改，效率过低，也容易出错。Pandas 提供了 replace()函数和 str. replace()函数来进行全部替换和部分替换。

1. 部分替换

有时不需要将元素全部替换，而仅仅将元素中的某个字符进行替换，此时就可以使用 str. replace()函数。str. replace()函数的一般语法格式为：

DataFrame [column].str.replace (to_replace，value)

其中，to_replace 表示需要替换的内容，value 表示替换后的内容。str. replace 是字符串函数，只能针对 Series 使用，所以如果要在 DataFrame 中调用 str()函数，只能选取 DataFrame 中的一列使用，这一点与 str. split()函数类似。

【例 9-6】　将"销售日期"列"2021 年 12 月 1 日"修改为"2021-12-1"。

df["销售日期"] = df["销售日期"].str.replace("年"，"-")
df["销售日期"] = df["销售日期"].str.replace("月"，"-")

df["销售日期"] = df["销售日期"].str.strip("日")
df.head()

运行结果如图 9-5 所示。

	销售日期	交易编号	产品	类别	区域	销售数量	价格	成本
0	2021-12-1	14316935.0	亨氏400g黑米红枣米粉	营养辅食	nt	1	293.48	190.00
3	2021-12-1	14393049.0	菲丽洁小绵羊油套装	洗涤护理	yc	2	68.99	138.00
4	2021-12-1	14383357.0	大王天使纸尿裤XL30片	纸尿裤	nt	1	146.74	95.00
5	2021-12-1	14365973.0	大王天使短裤式纸尿裤20片	纸尿裤	nt	1	79.89	32.88
6	2021-12-1	14295766.0	双鹰遥控履带挖掘机(1:20)	玩具	nt	1	321.24	299.00

图 9-5　［例 9-6］运行结果

2. 全部替换

全部替换是指将 DataFrame 全部元素或 DataFrame 中某一列的全部元素进行替换,替换时可以使用 replace()函数。replace()函数的一般语法格式为:

DataFrame.replace (to_replace,value, inplace)

其中,to_replace 表示需要替换的值,value 表示替换后的值。如果有多个值需要替换可使用字典,使用方法是:{to_replace1:value1, to_replace2:value2}。

在 DataFrame 中,有时仅仅只针对某一列进行替换,其一般语法格式为:

DataFrame [column] = DataFrame [column].replace (to _ replace, value, inplace)

【例 9-7】 将"区域"列的"nt""yc"分别替换为"南通""盐城"。

df["区域"] = df["区域"].replace("nt", "南通")
df["区域"] = df["区域"].replace("yc", "盐城")
df.head()

运行结果如图 9-6 所示。

	销售日期	交易编号	产品	类别	区域	销售数量	价格	成本
0	2021-12-1	14316935.0	亨氏400g黑米红枣米粉	营养辅食	南通	1	293.48	190.00
3	2021-12-1	14393049.0	菲丽洁小绵羊油套装	洗涤护理	盐城	2	68.99	138.00
4	2021-12-1	14383357.0	大王天使纸尿裤XL30片	纸尿裤	南通	1	146.74	95.00
5	2021-12-1	14365973.0	大王天使短裤式纸尿裤20片	纸尿裤	南通	1	79.89	32.88
6	2021-12-1	14295766.0	双鹰遥控履带挖掘机(1:20)	玩具	南通	1	321.24	299.00

图 9-6　［例 9-7］运行结果

任务三　时间数据的转换与提取

数据分析的分析对象不仅限于数值型和字符型,还包括时间类型。通过时间类型数据能够获取对应的年、月、日和星期等信息。但时间类型数据在读入 Python 后常常以字符串形式出现,无法实现大部分与时间相关的分析。Pandas 库继承了 NumPy 库的 datetime64 与 timedelta64 模块,能够快速实现时间字符串的转换、信息提取和时间运算。

一、时间格式转换

在 DataFrame 中,可以利用 to_datatime( )函数将字符串的列转换为时间类型,其一般语法格式为:

```
pd.to_datetime(DataTime[column])
```

【例 9-8】　将“销售日期”列的格式转换为时间格式。

```
print("转换前的格式为:", df["销售日期"].dtype)
df["销售日期"] = pd.to_datetime(df["销售日期"])
print("转换后的格式为:", df["销售日期"].dtype)
```

运行结果如下:

```
转换前的格式为:object
转换后的格式为:datetime64[ns]
```

二、提取时间数据

在多数涉及与时间相关的数据处理、统计分析过程中,都需要提取时间中的年份、月份等数据。在 DataFrame 中,利用 dt 方法可以提取时间信息中的年、月、日等信息,提取时间信息的一般语法格式如下:

```
df[column].dt.属性名称      #  df[column]需要先转换为时间格式
```

提取时间属性,如表 9-5 所示。

表 9-5　　　　　　　　　　　　　　提取时间属性

属性名称	描述	属性名称	描述
year	年	second	秒
month	月	date	日期
day	日	time	时间
hour	时	weekday	星期序号
minute	分	week_day	星期名称

【例 9-9】 提取"销售日期"列中的月份信息,并新增"月份"列,便于后期按月统计。

df["月份"] = df["销售日期"].dt.month

df.head()

运行结果如图 9-7 所示。

	销售日期	交易编号	产品	类别	区域	销售数量	价格	成本	月份
0	2021-12-01	14316935.0	亨氏400g黑米红枣米粉	营养辅食	南通	1	293.48	190.00	12
3	2021-12-01	14393049.0	菲丽洁小绵羊油套装	洗涤护理	盐城	2	68.99	138.00	12
4	2021-12-01	14383357.0	大王天使纸尿裤XL30片	纸尿裤	南通	1	146.74	95.00	12
5	2021-12-01	14365973.0	大王天使短裤式纸尿裤20片	纸尿裤	南通	1	79.89	32.88	12
6	2021-12-01	14295766.0	双鹰遥控履带挖掘机(1:20)	玩具	南通	1	321.24	299.00	12

图 9-7 〔例 9-9〕运行结果

将运行结果导出为"清洗后 12 月 1 日销售数据.xlsx"。

df.to_excel(r"D:\数据\清洗后 12 月 1 日销售数据.xlsx",index = False)

任务四 实 训 任 务

【任务 9-1】 打开"案例数据 89.xlsx"的"数据清洗"工作表;统计各列的空值频数。

```
import pandas as pd
df = pd.read_excel(r"D:/数据/案例数据 89.xlsx",sheet_name = 1)
print("各列的空值频数:\n",df.isnull().sum())
df.head()
```

运行结果如图 9-8 所示。

```
各列的空值频数:
销售日期      0
订单号      1
客户代码     2
地区       0
销售人员     0
产品类型     0
产品型号     0
数量       0
```

```
销售单价      1
销售金额      0
dtype:int64
```

	销售日期	订单号	客户代码	地区	销售人员	产品类型	产品型号	数量	销售单价	销售金额
0	2022-01-01	14316940.0	NaN	安徽	于倩	尿不湿	NB-006	21.0	60.000	1260.000
1	2022-01-01	14316935.0	C113	安徽	于倩	奶瓶	SE-015	67.0	356.337	23874.579
2	2022-01-01	NaN	NaN	安徽	于倩	奶瓶	SE-015	67.0	356.337	23874.579
3	2022-01-01	14393053.0	C113	安徽	于倩	奶瓶	SE-015	67.0	NaN	0.000
4	2022-01-01	14393049.0	C113	安徽	于倩	奶瓶	SE-018	22.0	397.800	8751.600

图 9-8 [任务 9-1]运行结果

【任务 9-2】 删除"订单号""客户代码"都为空的行。

```
df.dropna(subset = ["订单号","客户代码"],axis = 0,how = "all",inplace = True)
df.head()
```

运行结果如图 9-9 所示。

	销售日期	订单号	客户代码	地区	销售人员	产品类型	产品型号	数量	销售单价	销售金额
0	2022-01-01	14316940.0	NaN	安徽	于倩	尿不湿	NB-006	21.0	60.000	1260.000
1	2022-01-01	14316935.0	C113	安徽	于倩	奶瓶	SE-015	67.0	356.337	23874.579
3	2022-01-01	14393053.0	C113	安徽	于倩	奶瓶	SE-015	67.0	NaN	0.000
4	2022-01-01	14393049.0	C113	安徽	于倩	奶瓶	SE-018	22.0	397.800	8751.600
5	2022-01-01	14383357.0	C214	安徽	于倩	尿不湿	NB-006	46.0	60.000	2760.000

图 9-9 [任务 9-2]运行结果

【任务 9-3】 将"销售单价"列的空值用 356.337 填充,并重新计算销售金额。

```
df.fillna({"销售单价":356.337},inplace = True)
df.loc[3,'销售金额'] = df.loc[3,'数量'] * df.loc[3,'销售单价']
df.head()
```

运行结果如图 9-10 所示。

	销售日期	订单号	客户代码	地区	销售人员	产品类型	产品型号	数量	销售单价	销售金额
0	2022-01-01	14316940.0	NaN	安徽	于倩	尿不湿	NB-006	21.0	60.000	1260.000
1	2022-01-01	14316935.0	C113	安徽	于倩	奶瓶	SE-015	67.0	356.337	23874.579
3	2022-01-01	14393053.0	C113	安徽	于倩	奶瓶	SE-015	67.0	356.337	23874.579
4	2022-01-01	14393049.0	C113	安徽	于倩	奶瓶	SE-018	22.0	397.800	8751.600
5	2022-01-01	14383357.0	C214	安徽	于倩	尿不湿	NB-006	46.0	60.000	2760.000

图 9-10 [任务 9-3]运行结果

【任务 9-4】 将其他空值用下一个非空值填充。

df.fillna(method = "bfill", inplace = True)
df.head()

运行结果如图 9-11 所示。

	销售日期	订单号	客户代码	地区	销售人员	产品类型	产品型号	数量	销售单价	销售金额
0	2022-01-01	14316940.0	C113	安徽	于倩	尿不湿	NB-006	21.0	60.000	1260.000
1	2022-01-01	14316935.0	C113	安徽	于倩	奶瓶	SE-015	67.0	356.337	23874.579
3	2022-01-01	14393053.0	C113	安徽	于倩	奶瓶	SE-015	67.0	356.337	23874.579
4	2022-01-01	14393049.0	C113	安徽	于倩	奶瓶	SE-018	22.0	397.800	8751.600
5	2022-01-01	14383357.0	C214	安徽	于倩	尿不湿	NB-006	46.0	60.000	2760.000

图 9-11 [任务 9-4]运行结果

【任务 9-5】 查看"订单号"重复的行。

print("去重前的行数:\n", df.shape[0])
df[df.duplicated(["订单号"])]

查看结果如下:

去重前的行数:
2764

运行结果如图 9-12 所示。

	销售日期	订单号	客户代码	地区	销售人员	产品类型	产品型号	数量	销售单价	销售金额
8	2022-01-01	14389122.0	C214	安徽	于倩	尿不湿	NB-006	11.0	60.000	660.0
16	2022-01-01	14362497.0	C214	安徽	于倩	奶瓶	SE-011	20.0	283.185	5663.7
21	2022-01-01	14394787.0	C214	安徽	于倩	奶瓶	SE-003	25.0	128.520	3213.0

图 9-12 [任务 9-5]运行结果

【任务 9-6】 删除"订单号"重复的行,保留第一次出现的行,打印行索引 15～22 的数据。

df.drop_duplicates(subset = ["订单号"], keep = "first", inplace = True)
print("去重后的行数:\n", df.shape[0])
df.loc[15:22]

删除结果如下:

去重后的行数:
2761

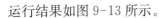

运行结果如图9-13所示。

	销售日期	订单号	客户代码	地区	销售人员	产品类型	产品型号	数量	销售单价	销售金额
15	2022-01-01	14362497.0	C214	安徽	于倩	奶瓶	SE-006	100.0	187.200	18720.000
17	2022-01-01	14373371.0	C214	安徽	于倩	奶瓶	SE-003	37.0	129.528	4792.536
18	2022-01-01	14386265.0	C214	安徽	于倩	奶瓶	SE-003	37.0	129.528	4792.536
19	2022-01-01	14390627.0	C214	安徽	于倩	奶瓶	SE-003	37.0	129.528	4792.536
20	2022-01-01	14394787.0	C214	安徽	于倩	奶瓶	SE-003	37.0	129.528	4792.536
22	2022-01-01	14397220.0	C214	安徽	于倩	奶瓶	SE-003	25.0	128.520	3213.000

图9-13 [任务9-6]运行结果

【任务9-7】 将"地区"列中的"安徽"替换为"AH"。

df["地区"] = df["地区"].replace("安徽","AH")
df.head()

运行结果如图9-14所示。

	销售日期	订单号	客户代码	地区	销售人员	产品类型	产品型号	数量	销售单价	销售金额
0	2022-01-01	14316940.0	C113	AH	于倩	尿不湿	NB-006	21.0	60.000	1260.000
1	2022-01-01	14316935.0	C113	AH	于倩	奶瓶	SE-015	67.0	356.337	23874.579
3	2022-01-01	14393053.0	C113	AH	于倩	奶瓶	SE-015	67.0	356.337	23874.579
4	2022-01-01	14393049.0	C113	AH	于倩	奶瓶	SE-018	22.0	397.800	8751.600
5	2022-01-01	14383357.0	C214	AH	于倩	尿不湿	NB-006	46.0	60.000	2760.000

图9-14 [任务9-7]运行结果

【任务9-8】 查看"销售日期"的数据类型。

df.dtypes

运行结果如下：

```
销售日期      datetime64[ns]
订单号       float64
客户代码      object
地区        object
销售人员      object
产品类型      object
产品型号      object
```

数量	float64
销售单价	float64
销售金额	float64

dtype: object

【任务 9-9】 新增"月""日"两列数据。

df["月"] = df["销售日期"].dt.month

df["日"] = df["销售日期"].dt.day

df.head()

运行结果如图 9-15 所示。

	销售日期	订单号	客户代码	地区	销售人员	产品类型	产品型号	数量	销售单价	销售金额	月	日
0	2022-01-01	14316940.0	C113	AH	于倩	尿不湿	NB-006	21.0	60.000	1260.000	1	1
1	2022-01-01	14316935.0	C113	AH	于倩	奶瓶	SE-015	67.0	356.337	23874.579	1	1
3	2022-01-01	14393053.0	C113	AH	于倩	奶瓶	SE-015	67.0	356.337	23874.579	1	1
4	2022-01-01	14393049.0	C113	AH	于倩	奶瓶	SE-018	22.0	397.800	8751.600	1	1
5	2022-01-01	14383357.0	C214	AH	于倩	尿不湿	NB-006	46.0	60.000	2760.000	1	1

图 9-15 [任务 9-9]运行结果

【任务 9-10】 提取每月 28 日的数据。

df_new = pd.DataFrame()

for i in range(1,13):

    data = df.loc[(df["月"] == i)&(df["日"] == 28)]

    df_new = df_new.append(data)

df_new.head(8)

运行结果如图 9-16 所示。

	销售日期	订单号	客户代码	地区	销售人员	产品类型	产品型号	数量	销售单价	销售金额	月	日
197	2022-01-28	14500693.0	C118	湖南	李雷	奶瓶	SE-001	30.0	101.430	3042.900	1	28
198	2022-01-28	14636385.0	C118	湖南	李雷	奶瓶	SE-001	30.0	101.430	3042.900	1	28
367	2022-02-28	14466467.0	C018	湖南	唐旭升	尿不湿	NB-007	4.0	74.520	298.080	2	28
368	2022-02-28	14548973.0	C018	湖南	唐旭升	尿不湿	NB-007	17.0	75.396	1281.732	2	28
369	2022-02-28	14548847.0	C018	湖南	唐旭升	尿不湿	NB-007	32.0	74.520	2384.640	2	28
370	2022-02-28	14714345.0	C018	湖南	唐旭升	尿不湿	NB-007	12.0	79.488	953.856	2	28
371	2022-02-28	14722986.0	C018	湖南	管众纾	尿不湿	NB-006	44.0	65.640	2888.160	2	28
372	2022-02-28	14590792.0	C018	湖南	管众纾	尿不湿	NB-006	7.0	71.268	498.876	2	28

图 9-16 [任务 9-10]运行结果

【任务 9-11】 统计每月 28 日的订单量。

```
for i in range(1,13):
    data = df_new.loc[df_new["月"] == i]
    print("%d 月 28 日的订单量为 %d"%(i,data.shape[0]))
```

运行结果如下：

1 月 28 日的订单量为 2
2 月 28 日的订单量为 7
3 月 28 日的订单量为 2
4 月 28 日的订单量为 9
5 月 28 日的订单量为 35
6 月 28 日的订单量为 6
7 月 28 日的订单量为 3
8 月 28 日的订单量为 1
9 月 28 日的订单量为 1
10 月 28 日的订单量为 0
11 月 28 日的订单量为 0
12 月 28 日的订单量为 0

 拓展阅读

加快建设大数据清洗基地，保护信息安全

大数据也要清洗？是的，你没看错。数字化、智能化时代下，大数据产业需要通过"清洗"技术对数据进行甄别、筛选和应用，剔除无效信息，加强隐私保护。现如今，加快大数据清洗基地建设已经成为我国大数据发展的主要环节。

对收集到的信息进行甄别和优化提取是大数据应用于生活的第一步。大数据清洗，就是将不规则的数据转化为规则的数据，让数据发挥价值，就如同河水必须经过净化才能饮用一样。

如今，很多业内专家认为，大数据的清洗，不仅有利于提高搜索处理效率，还能加速大数据产业与各行各业的融合，加快应用步伐。比如，通过对家电、物流等多个行业的数据进行整合、过滤，能更好地设计出智能家居方案等。再如，对医疗领域中的病人病史、使用药物的数据进行筛选整合，能够很好地帮助医生做出优化的诊疗方案。当然，大数据清洗也是信息安全使用的前提。加强大数据清洗，是对个人隐私的多重保护。

随着大数据产业快速发展，数据清洗的重要性与日俱增，因此，加快建设大数据清洗基地，同步构建大数据安全体系，用新方法来解决大数据安全问题就显得尤为重要。

知行合一

一、选择题

1. 要删除 df 中所有包含空值的列,可以采用的语句是(　　)。

    A. df. info()　　　　　　　　　　　　B. df. T

    C. df. dropna()　　　　　　　　　　　D. df. dropna(axis＝1)

2. 用"空"替换 DataFrame 对象中所有的空值可以使用(　　)语句。

    A. df. fillna("空")　　　　　　　　　　B. df. isnull("空")

    C. df. tail("空")　　　　　　　　　　　D. df. info ("空")

3. 以下关于缺失值检测的说法中,正确的是(　　)。

    A. null 和 notnull 可以对缺失值进行处理

    B. dropna()函数既可以删除观测记录,亦可以删除特征

    C. fillna()函数中用来替换缺失值的值只能是数据框

    D. Pandas 库中的 interpolate 模块包含了多种插值方法

4. Dataframe 判断重复值可以采用(　　)语句。

    A. df. drop_duplicates()　　　　　　　B. df. repeat ()

    C. df. duplicated()　　　　　　　　　D. df. dropna()

5. 下列 Python 程序的运行结果是(　　)。

```
import pandas as pd

Data = pd. DataFrame([[2,3],] * 3, columns = ['A','B'])
B = Data. apply(lambda x: x + 1)
print(B. loc[1,'B'])
```

    A. 3　　　　　　　　B. 1　　　　　　　　C. 2　　　　　　　　D. 4

二、填空题

1. 执行下列程序,输出结果为_____。

```
import pandas as pd
df = pd. DataFrame([[5,5,4],[6,None,None],[7,None,7]])
print(df. fillna(method ='ffill'))
```

2. 执行下列程序,输出结果为_____。

```
import pandas as pd
df = pd. DataFrame([[5,5,4],[5,5,7],[7,8,9]])
```

```
print(df.drop_duplicates(subset = [0,1],keep = 'first'))
```

3. 执行下列程序,输出结果为_____。

```
import pandas as pd
s = pd.Series(['2021 - 03 - 21'])
s1 = pd.to_datetime(s)
print(s1.dt.month[0],s1.dt.day[0])
```

三、操作题

1. 创建如图 9-17 所示数据表,完成下列数据清洗工作:
   (1) 统计"是否开通网络电视"列的空值数。
   (2) 将"是否开通网络电视"列的 1 替换为"是"。
   (3) 统计数据中重复行的情况,如果完全重复则删除。

	性别	成绩	是否开通网络电视
0	男	2.0	是
1	男	2.0	1
2	男	4.0	NaN
3	女	1.0	1
4	男	3.0	NaN
5	女	NaN	NaN

图 9-17　初始数据表

2. 打开"课后练习 9 利润表.xlsx",通过数据清理与处理得到图 9-18 的运行结果。

	利润表	本月数	日期
1	一、营业收入	5983425.0	2021/04/30
2	减:营业成本	5285082.5	2021/04/30
3	税金及附加	5262.0	2021/04/30
4	销售费用	16885.0	2021/04/30
5	管理费用	512688.0	2021/04/30
6	研发费用	0.0	2021/04/30
7	财务费用	0.0	2021/04/30
8	其中:利息费用	0.0	2021/04/30
9	利息收入	0.0	2021/04/30
10	资产减值损失	0.0	2021/04/30
11	加:其他收益	0.0	2021/04/30
12	投资收益	0.0	2021/04/30
13	其中:对联营企业和合营企业的投资收益	0.0	2021/04/30

图 9-18　运行结果示例

项目十 数据统计分析

知识目标

◎ 掌握数据表的连接方法

◎ 掌握 Pandas 数据统计的基本方法

◎ 掌握 Pandas 数据分组、聚合、透视方法

能力目标

◎ 能够使用 Pandas 对数据进行统计分析

◎ 能够使用 groupby()函数进行分组聚合

◎ 能够使用 pivot_table()函数进行数据透视表操作

素养目标

◎ 培养学生数据统计分析的能力

◎ 培养学生数据维度的认知能力

任务一 数据连接

在数据导入时,往往会遇到数据的合成操作。例如,财务总监想了解一年的销售额,就需要将 12 个月的销售报表合成为一张销售报表,以了解企业整体的运营情况。数据的合成是一种将来自不同源的数据组合成一张报表的有效的常用方法。如果将两个或两个以上列名完全相同的 DataFrame 数据连接起来,从方向上看是数据的纵向连接。如果根据某一列将不同的两个 DataFrame 数据合并在一起,从方向上看是数据的横向连接。纵向连接和横向连接都有各自的特点,使用时需要注意数据连接的方向。

一、数据的纵向连接

数据的纵向连接是将两个或两个以上 DataFrame 同列连接,在连接时,要保证不同的

DataFrame 的列必须全部相同,否则就会出现多个空值。纵向连接可以使用 concat()函数,concat()函数可以按照轴的方向实现两个或两个以上表的纵向或横向的连接,在实际应用中更多的是使用纵向连接功能。其一般语法格式为:

pandas.concat(objs,axis = 0,ignore_index…)

concat()函数常用参数如表 10-1 所示。

表 10-1　　　　　　　　　　　concat( )函数常用参数

参数	描述
objs	连接对象的列表组合
axis	默认为 0,表示纵向连接,1 为横向连接
ignore_index	表示是否重建索引,默认为 False

【例 10-1】　利用 concat()函数连接“6 月工资统计表”中“领导工资”表和“员工工资”表。

查看两张表的初始结构
```
import pandas as pd

df1 = pd.read_excel(r"D:\数据\6月工资统计表.xlsx",sheet_name = "领导工资")
print(df1.head())
df2 = pd.read_excel(r"D:\数据\6月工资统计表.xlsx",sheet_name = "员工工资")
print(df2.head())
```

查看“领导工资”和“员工工资”两张表的内容,输出结果如下:

```
     姓名    职务    基本工资    津贴
0   牛召明   总经理     8330   4306
1   王俊东  副总经理     6245   2008
2   王浦泉  副总经理     8221   3849
3    刘蔚    经理     5741   1321
4   孙安才    经理     5677   3311
     姓名    职务    基本工资    津贴
0   苏会志    员工     6536   2695
1   周小伦    员工     5336   1968
2    李青    员工     6000   3657
3   容晓胜    员工     9236   1826
4   唐爱民    员工     5329   4173
```

对两张表进行纵向连接,代码如下:

```
# 连接对象用列表
df3 = pd.concat([df1,df2],ignore_index = True)
df3
```

运行结果如图 10-1 所示。

	姓名	职务	基本工资	津贴
0	牛召明	总经理	8330	4306
1	王俊东	副总经理	6245	2008
2	王浦泉	副总经理	8221	3849
3	刘蔚	经理	5741	1321
4	孙安才	经理	5677	3311
5	张威	经理	9157	2400
6	李呈选	组长	5617	3037
7	李丽娟	组长	5382	1385
8	李仁杰	组长	6788	3760
9	苏会志	员工	6536	2695
10	周小伦	员工	5336	1968
11	李青	员工	6000	3657
12	容晓胜	员工	9236	1826
13	唐爱民	员工	5329	4173
14	李煦	员工	8321	3645
15	宗军强	员工	7829	4582

图 10-1 [例 10-1]运行结果

【例 10-2】 使用 concat()函数横向功能连接[例 10-1]中的两张表。

```
df4 = pd.concat([df1,df2],axis = 1)
df4
```

运行结果如图 10-2 所示。从结果分析,这两张表并不适合横向连接。

	姓名	职务	基本工资	津贴	姓名	职务	基本工资	津贴
0	牛召明	总经理	8330	4306	苏会志	员工	6536.0	2695.0
1	王俊东	副总经理	6245	2008	周小伦	员工	5336.0	1968.0
2	王浦泉	副总经理	8221	3849	李青	员工	6000.0	3657.0
3	刘蔚	经理	5741	1321	容晓胜	员工	9236.0	1826.0
4	孙安才	经理	5677	3311	唐爱民	员工	5329.0	4173.0
5	张威	经理	9157	2400	李煦	员工	8321.0	3645.0
6	李呈选	组长	5617	3037	宗军强	员工	7829.0	4582.0
7	李丽娟	组长	5382	1385	NaN	NaN	NaN	NaN
8	李仁杰	组长	6788	3760	NaN	NaN	NaN	NaN

图 10-2 ［例 10-2］运行结果

二、数据的横向连接

merge()函数可以将两个 DataFrame 进行横向连接。merge()函数的一般语法格式为：

pandas.merge (left_DataFrame,right_ Dataframe,how,on)

merge()函数常用参数,如表 10-2 所示。

表 10-2 　　　　　　　　　　　merge()函数常用参数

参数	描述
left_DataFrame,right_ Dataframe	左表,右表
how	连接方式有 inner,outer,left,right,默认为 inner
on	用于连接的列名,未指定则使用两列的交集作为连接键

inner 表示内连接,即两个表将根据合并字段(主键)的重复取值进行合并,类似交集。outer 表示外连接,即两个表将根据合并字段(主键)的所有取值进行合并,类似并集。left 表示左连接,即两个表将根据左表合并字段(主键)的取值进行合并。right 表示右连接,即两个表将根据右表合并字段(主键)的取值进行合并。如果在数据合并时,除了用于合并的主键,还出现了其他重复的列,会在最后结果中以"列名_x"和"列名 _y"的方式出现。

【例 10-3】 打开"6 月工资统计表"中的"加班工资"表,与［例 10-1］中的 df3 连接。

```
# 查看"加班工资"表,只有 7 人有加班工资
df5 = pd.read_excel(r"D:\数据\6 月工资统计表.xlsx",sheet_name = "加班工资")
df5
```

"加班工资"表格内容如图 10-3 所示。

	姓名	职务	加班工资
0	牛召明	总经理	300
1	王浦泉	副总经理	900
2	李呈选	组长	600
3	周小伦	员工	900
4	李青	员工	900
5	容晓胜	员工	400
6	李煦	员工	500

图 10-3 "加班工资"表格内容

（1）将"加班工资"表 df5 与［例 10-1］中的 df3 左连接。

```
df6 = pd.merge(df3,df5,how = "left",on = ["姓名","职务"])
df6. head()
```

运行结果如图 10-4 所示。左表行数据多于右表,以左表为主,用右表的内容补充左表,即取两表的并集。所以本例中 how="left"可以用 how="outer"替代。

	姓名	职务	基本工资	津贴	加班工资
0	牛召明	总经理	8330	4306	300.0
1	王俊东	副总经理	6245	2008	NaN
2	王浦泉	副总经理	8221	3849	900.0
3	刘蔚	经理	5741	1321	NaN
4	孙安才	经理	5677	3311	NaN

图 10-4 ［例 10-3］运行结果 1

（2）将"加班工资"表 df5 与［例 10-1］中的 df3 右连接。

```
df7 = pd.merge(df3,df5,how = "right")
df7
```

运行结果如图 10-5 所示。左表行数据多于右表,以右表为主,用左表的内容补充右表,即取两表的交集。所以本例中 how="right"可以用 how="inner"替代。

	姓名	职务	基本工资	津贴	加班工资
0	牛召明	总经理	8330	4306	300
1	王浦泉	副总经理	8221	3849	900
2	李呈选	组长	5617	3037	600
3	周小伦	员工	5336	1968	900
4	李青	员工	6000	3657	900
5	容晓胜	员工	9236	1826	400
6	李煦	员工	8321	3645	500

图 10-5　[例 10-3]运行结果 2

三、merge( )函数和 concat( )函数之间的区别

concat()函数用于在不查看值的情况下将行或列连接到数据帧。它直接使用拼接的动作,并不去查看对应的值是否一致,默认是 axis＝0 纵向行拼接,也可以使 axis＝1 进行横向列拼接。

merge()函数是一个常用的连接函数。它提供了许多不同的选项来自定义连接操作,但每次只能连接两张表,一般用于横向连接。

【例 10-4】　在 df6 的空值处填 0,导出为"合并后 6 月工资统计表.xlsx"。

```
df6.fillna(0,inplace = True)
df6.to_excel(r"D:\数据\合并后 6 月工资统计表.xlsx",index = False)
```

任务二　数据统计

一、描述性统计分析

1. 数值型字段的统计分析

数据的统计与描述可以用来概括和表示数据的状况,通过一些统计指标可以方便地表示一组数据的特征。Pandas 提供了许多描述性统计函数,常用函数如表 10-3 所示。

表 10-3　　　　　　　　　　Pandas 常用统计函数

函数	描述	函数	描述
max	最大值	sum	求和
min	最小值	count	计数
mean	平均值	describe	统计信息摘要

【例 10-5】 打开"合并后 6 月工资统计表.xlsx",对"基本工资"列作基本统计。

```
import pandas as pd

df = pd.read_excel(r"D:\数据\合并后 6 月工资统计表.xlsx")
print("基本工资列最大值:", df["基本工资"].max())
print("基本工资列求和:", df["基本工资"].sum())
print("基本工资列计数:", df["基本工资"].count())
df["基本工资"].describe()
```

运行结果如下:

```
基本工资列最大值:9236
基本工资列求和:109745
基本工资列计数:16
count        16.000000
mean       6859.062500
std        1420.891245
min        5329.000000
25%        5662.000000
50%        6390.500000
75%        8246.000000
max        9236.000000
Name:基本工资,dtype:float64
```

2. 分类型字段的统计分析

分类型字段是指该字段具有分类功能,主要是频数统计功能。Pandas 提供了 value_counts()函数来统计分类型字段的频数。

【例 10-6】 统计公司职务分布情况。

```
df["职务"].value_counts()
```

运行结果如下:

```
员工        7
组长        3
经理        3
副总经理     2
总经理       1
Name:职务,dtype:int64
```

二、数据排序

数据排序是指使数据按一定方式进行排列,通过数据排序可以更为方便地查看数据的特征。Pandas 支持两种方式的排序:按实际值排序和按索引(行或列)排序。

1. 按实际值排序

sort_values()函数:按照某一列的值进行的排序。sort_values()函数的一般语法格式如下:

sort_values(by, ascending,ignore_index,inplace)

sort_values()函数常用参数如表 10-4 所示。

表 10-4　　　　　　　　　　　　sort_values( )函数常用参数

参数	描述	参数	描述
by	某个索引或者索引列表	ignore_index	是否重建索引
ascending	默认为 True 升序;False 为降序	inplace	默认为 False,不替换原数据

【例 10-7】　对 df 按"基本工资"降序排序。

```
df.sort_values(["基本工资"], ascending = False, inplace = True)
df.head()
```

运行结果如图 10-6 所示。

	姓名	职务	基本工资	津贴	加班工资
12	容晓胜	员工	9236	1826	400
5	张威	经理	9157	2400	0
0	牛召明	总经理	8330	4306	300
14	李煦	员工	8321	3645	500
2	王浦泉	副总经理	8221	3849	900

图 10-6　[例 10-7]运行结果

2. 按索引排序

sort_index()函数:DataFrame 在指定轴上按照索引进行排序,默认是行索引升序排列。sort_index()函数的一般语法格式如下:

sort_index (ascending, inplace)

其中,ascending 表示排序方式,True 为升序排序,False 为降序排序,默认是 True。

【例 10-8】　对 df 按索引排序。

```
df.sort_index(inplace = True)
df.head()
```

运行结果如图 10-7 所示。

	姓名	职务	基本工资	津贴	加班工资
0	牛召明	总经理	8330	4306	300
1	王俊东	副总经理	6245	2008	0
2	王浦泉	副总经理	8221	3849	900
3	刘蔚	经理	5741	1321	0
4	孙安才	经理	5677	3311	0

图 10-7　[例 10-8]运行结果

三、数据排名

数据排名是指对一列数据进行升序或者降序排名。Pandas 提供了 rank()函数用于数据的排名,其一般语法格式如下:

```
DataFrame.rank(method='average', ascending=True)
```

其中,method 表示重复数据排名的处理方法,默认为 average,表示取相同排名中的平均排名;如果为 min,表示取相同排名中的最小排名;如果为 max,表示取相同排名中的最大排名;如果为 first,表示按顺序排名。

【例 10-9】　对“基本工资”列进行排名。

```
df['基本工资排名']=df['基本工资'].rank(method='min',ascending=False)
df.head()
```

运行结果如图 10-8 所示。

	姓名	职务	基本工资	津贴	加班工资	基本工资排名
0	牛召明	总经理	8330	4306	300	3.0
1	王俊东	副总经理	6245	2008	0	9.0
2	王浦泉	副总经理	8221	3849	900	5.0
3	刘蔚	经理	5741	1321	0	11.0
4	孙安才	经理	5677	3311	0	12.0

图 10-8　[例 10-9]运行结果

【例10-10】 对"基本工资排名"列升序排序,并重新设置行索引。

```
df.sort_values(["基本工资排名"],ignore_index = True,inplace = True)
df.head()
```

运行结果如图 10-9 所示。

	姓名	职务	基本工资	津贴	加班工资	基本工资排名
0	容晓胜	员工	9236	1826	400	1.0
1	张威	经理	9157	2400	0	2.0
2	牛召明	总经理	8330	4306	300	3.0
3	李煦	员工	8321	3645	500	4.0
4	王浦泉	副总经理	8221	3849	900	5.0

图 10-9 [例 10-10]运行结果

任务三 数据分组聚合

在数据分析时,对数据进行分组是常见操作,通过分组可以挖掘出更多数据的内在信息。数据分组的作用是可以快速对所有分组进行统计计算。例如,计算男女学生的平均成绩时,可以先按性别分组,再统计各组的平均成绩。Pandas 分别提供了分组函数 groupby()和聚合函数 agg(),在数据分析时,通常将这两个函数联合使用。分组聚合操作的原理如图 10-10 所示。

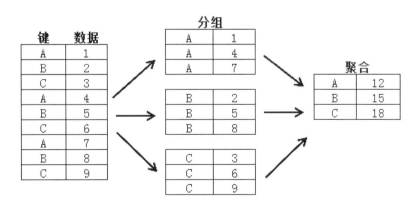

图 10-10 分组聚合操作的原理

一、数据分组统计分析

数据分组是指将 DataFrame 先按照某列划分为多个不同的组,再按分组后的列计算每组的一些统计指标,类似于 Excel 的分类汇总,分组统计时只要确定分组字段、统计字段和统计方法就可以执行。

groupby()函数提供分组聚合步骤中的拆分功能,能够根据索引或者字段对数据进行分组。groupby()函数的一般语法格式为:

```
DataFrame.groupby(by = 分组列)
```

其中,by 表示分组的列,即 DataFrame 按照这一列进行分组,其结果只是一个中间数据,不产生任何统计结果。

【例 10-11】 打开"清洗后 12 月 1 日销售数据.xlsx",对"区域"进行分组。

```
import pandas as pd

df = pd.read_excel(r"D:\数据\清洗后 12 月 1 日销售数据.xlsx")
df.groupby("区域")
```

运行结果如下:

```
<pandas.core.groupby.generic.DataFrameGroupBy object at 0x00000000049187F0>
```

从运行结果可以看出,分组后的结果并不能直接查看,而是被存在内存中,输出的是内存地址。实际上,分组后的数据对象 GroupBy 类似于 Series 与 DataFrame,是 Pandas 提供的一种对象。GroupBy 数据对象分组后可以进行聚合运算,可以使用聚合函数查看每一组数据的整体情况、分布状态。其常用的聚合函数如表 10-5 所示。

表 10-5　　　　　　　　　　　GroupBy 数据对象常用的聚合函数

函数	描述	函数	描述
count	计算分组的数目	sum	每组的和
max	每组的最大值	mean	每组的平均值
min	每组的最小值	describe	描述性统计

对区域分组后进行求和:

```
df.groupby("区域").sum()
```

运行结果如图 10-11 所示。从结果可以看出,groupby()函数对分组后的所有数据列进行了求和。

按照某一列进行分组后,还可以再对指定的列进行统计分析。

区域	交易编号	销售数量	价格	成本	月份
南通	186563610	17	1986.64	2084.25	156
盐城	43144668	13	81.85	153.22	36

图 10-11　[例 10-11]运行结果

【例 10-12】　对"区域"进行分组后,对"价格""成本"列求和。

df.groupby("区域")["价格","成本"].sum()

运行结果如图 10-12 所示。

区域	价格	成本
南通	1986.64	2084.25
盐城	81.85	153.22

图 10-12　[例 10-12]运行结果

二、数据的聚合

agg()函数具有自定义聚合功能,支持对每个分组应用不同的聚合函数,包括 Python 内置函数或自定义函数。同时,也能够直接对 DataFrame 进行函数应用操作。agg()函数的一般语法格式如下:

```
DataFrame.agg (func)
或
DataFrame.groupby.agg(func)
```

【例 10-13】　分组前,统计"价格""成本"列的和与平均值。

df[["价格","成本"]].agg(["sum","mean"])

运行结果如图 10-13 所示。

	价格	成本
sum	2068.490000	2237.470000
mean	129.280625	139.841875

图 10-13　[例 10-13]运行结果

【例 10-14】　按"区域"分组后,统计"价格""成本"列的和与平均值。

df.groupby("区域")["价格","成本"].agg(["sum","mean"])

运行结果如图 10-14 所示。

区域	价格		成本	
	sum	mean	sum	mean
南通	1986.64	152.818462	2084.25	160.326923
盐城	81.85	27.283333	153.22	51.073333

图 10-14 [例 10-14]运行结果

【例 10-15】 按"区域"分组后,"价格"列只求和,"成本"列只求平均值。

df.groupby("区域").agg({"价格":"sum","成本":"mean"})

运行结果如图 10-15 所示。

区域	价格	成本
南通	1986.64	160.326923
盐城	81.85	51.073333

图 10-15 [例 10-15]运行结果

三、实训巩固

(1) 打开"10.4 案例数据.xlsx",查看表格结构,新增"月"列。

```
import pandas as pd

df = pd.read_excel(r"D:\数据\10.4 案例数据.xlsx")
df['交易日期'] = df['交易日期'].dt.strftime('%Y-%m-%d')
df["月"] = df["交易日期"].str.split('-', expand = True)[1]
df.head()
```

运行结果如图 10-16 所示。

	交易日期	销售城市	产品名称	销售员	成本	单价	数量	折扣	成交金额	利润	月
0	2021-01-03	北京	键盘	张颖	135.0	180	20	0.14	3096.00	396.00	01
1	2021-01-03	重庆	无线网卡	张颖	133.5	178	10	0.20	1424.00	89.00	01
2	2021-01-04	上海	蓝牙适配器	张雪眉	81.0	108	61	0.12	5797.44	856.44	01
3	2021-01-04	重庆	蓝牙适配器	郑建杰	81.0	108	18	0.09	1769.04	311.04	01
4	2021-01-04	重庆	蓝牙适配器	郑建杰	81.0	108	39	0.06	3959.28	800.28	01

图 10-16 实训巩固(1)运行结果

（2）统计各月成交额。

```
df.groupby(["月"])["成交金额"].agg('sum')
```

运行结果如下：

```
月
01      139009.70
02      109063.81
03      201022.18
04      155490.53
05      209324.94
06      139648.89
07      123707.06
08      158697.09
09      147806.20
10      104053.72
11      152580.44
12      102791.33
Name:成交金额,dtype:float64
```

（3）统计各城市销售情况。

```
df.groupby(["销售城市"])["成交金额"].agg('sum')
```

运行结果如下：

```
销售城市
上海      411432.43
北京      449503.02
天津      523818.24
重庆      358442.20
Name:成交金额,dtype:float64
```

（4）统计各销售员的业绩情况。

```
df.groupby(["销售员"])["成交金额"].agg('sum')
```

运行结果如下：

```
销售员
刘英玫      224342.21
孙林       137244.79
```

```
张雪眉      66427.40
张颖      343696.32
李芳      181017.19
王伟      283750.62
赵军      65800.68
郑建杰      320714.05
金士鹏      120202.63
Name:成交金额,dtype:float64
```

（5）对"折扣""成交金额"列降序排序。

```
df = df.sort_values(by = ["折扣","成交金额"],ascending = False)
df.head()
```

运行结果如图 10-17 所示。

	交易日期	销售城市	产品名称	销售员	成本	单价	数量	折扣	成交金额	利润	月
23	2021-01-28	北京	鼠标	王伟	224.25	299	77	0.3	16116.1	-1151.15	01
263	2021-11-17	北京	鼠标	张颖	224.25	299	20	0.3	4186.0	-299.00	11
149	2021-06-20	天津	麦克风	李芳	74.25	99	59	0.3	4088.7	-292.05	06
270	2021-11-24	天津	蓝牙适配器	张颖	81.00	108	42	0.3	3175.2	-226.80	11
55	2021-03-09	天津	麦克风	金士鹏	74.25	99	4	0.3	277.2	-19.80	03

图 10-17 实训巩固(5) 运行结果

（6）通过 describe()函数得到"成交金额"列的统计指标。

```
df["成交金额"].describe()
```

运行结果如下：

```
count      301.000000
mean      5791.348472
std       4397.451694
min        277.200000
25 %      2563.200000
50 %      4088.700000
75 %      8234.460000
max      19853.600000
Name:成交金额,dtype:float64
```

（7）根据"成交金额"降序排列,新增"成交额占比"列。

```
df = df.sort_values(by = ["成交金额"], ascending = False)
df["成交额占比"] = df["成交金额"]/df["成交金额"].sum()
df.head()
```

运行结果如图 10-18 所示。

	交易日期	销售城市	产品名称	销售员	成本	单价	数量	折扣	成交金额	利润	月	成交额占比
178	2021-07-18	上海	鼠标	王伟	224.25	299	80	0.17	19853.60	1913.60	07	0.011389
145	2021-06-16	上海	SD存储卡	张颖	217.50	290	73	0.09	19264.70	3387.20	06	0.011051
120	2021-05-15	重庆	鼠标	郑建杰	224.25	299	79	0.19	19133.01	1417.26	05	0.010976
31	2021-02-09	上海	鼠标	孙林	224.25	299	65	0.05	18463.25	3887.00	02	0.010592
74	2021-03-29	上海	DVD光驱	张颖	180.00	240	77	0.03	17925.60	4065.60	03	0.010283

图 10-18　实训巩固(7)运行结果

任务四　数据透视表

数据透视表是数据分析中常见的工具之一,根据行或列的分组键将数据划分到各个区域,再根据一个或多个键值对数据进行聚合。在 Pandas 中,除了可以使用 groupby()函数对数据分组聚合,还可以使用更为简单的透视表功能。Pandas 数据透视表中提供的 pivot_table()函数类似于 Excel 中的数据透视表,需要先查找行字段、列字段及统计字段,再确定统计方法以绘制数据透视表。比如,年份与地区可以分别作为行字段和列字段,进而统计销售金额的各种指标,来制作数据透视表。

一、数据透视表

使用数据透视表的一般语法格式如下:

```
DataFrame.pivot_table(index,columns,values,aggfunc,fill_value,margins)
```

pivot_table()函数常用参数如表 10-6 所示。

表 10-6　　　　　　　　　　　　pivot_table( )函数常用参数

参数	描述	参数	描述
index	数据透视表的行字段	aggfunc	统计指标
columns	数据透视表的列字段	fill_value	空值的填充
values	数据透视表的统计字段	margins	汇总功能,默认为 False

【例 10-16】　打开"清洗后 12 月 1 日销售数据.xlsx",进行透视表操作。

```
import pandas as pd
```

```
df = pd.read_excel(r"D:\数据\清洗后 12 月 1 日销售数据.xlsx")
df1 = df.pivot_table(index = ['类别'], columns = '区域',
                                values = '价格', aggfunc = 'sum',
                                fill_value = 0, margins = True)
df1
```

运行结果如图 10-19 所示。

区域	南通	盐城	All
类别			
棉纺品	309.95	1.50	311.45
洗涤护理	0.00	68.99	68.99
湿巾/纸制品	19.43	0.00	19.43
玩具	321.24	0.00	321.24
用品	21.00	11.36	32.36
纸尿裤	555.35	0.00	555.35
营养辅食	759.67	0.00	759.67
All	1986.64	81.85	2068.49

图 10-19 [例 10-16]运行结果

二、实训巩固

（1）打开"10.4 案例数据.xlsx"，查看表格结构。

```
import pandas as pd


df = pd.read_excel(r"D:\数据\10.4 案例数据.xlsx")
df.head()
```

运行结果如图 10-20 所示。

	交易日期	销售城市	产品名称	销售员	成本	单价	数量	折扣	成交金额	利润
0	2021-01-03	北京	键盘	张颖	135.0	180	20	0.14	3096.00	396.00
1	2021-01-03	重庆	无线网卡	张颖	133.5	178	10	0.20	1424.00	89.00
2	2021-01-04	上海	蓝牙适配器	张雪眉	81.0	108	61	0.12	5797.44	856.44
3	2021-01-04	重庆	蓝牙适配器	郑建杰	81.0	108	18	0.09	1769.04	311.04
4	2021-01-04	重庆	蓝牙适配器	郑建杰	81.0	108	39	0.06	3959.28	800.28

图 10-20 实训巩固(1)运行结果

（2）建立数据透视表，对"销售城市"进行统计。

df.pivot_table(index=["销售城市"],values=["成交金额"],aggfunc='sum')

运行结果如图10-21所示。

销售城市	成交金额
上海	411432.43
北京	449503.02
天津	523818.24
重庆	358442.20

图 10-21　实训巩固(2)运行结果

（3）对销售员"成交金额"进行统计。

df.pivot_table(index=["销售员"],values=["成交金额"],aggfunc='sum')

运行结果如图10-22所示。

销售员	成交金额
刘英玫	224342.21
孙林	137244.79
张雪眉	66427.40
张颖	343696.32
李芳	181017.19
王伟	283750.62
赵军	65800.68
郑建杰	320714.05
金士鹏	120202.63

图 10-22　实训巩固(3)运行结果

（4）同时统计销售员"成交金额"和商品"数量"。

df.pivot_table(index=["销售员"],values=["成交金额","数量"],aggfunc='sum')

运行结果如图10-23所示。

销售员	成交金额	数量
刘英玫	224342.21	1320
孙林	137244.79	747
张雪眉	66427.40	474
张颖	343696.32	1900
李芳	181017.19	1035
王伟	283750.62	1560
赵军	65800.68	477
郑建杰	320714.05	1808
金士鹏	120202.63	737

图 10-23　实训巩固(4)运行结果

(5) 对销售员销售的"产品名称"和"成交金额"进行统计。

df.pivot_table(index = ["销售员"], columns = ["产品名称"],

values = ["成交金额"], aggfunc = 'sum', fill_value = 0)

运行结果如图 10-24 所示。

								成交金额
产品名称	DVD光驱	SD存储卡	手写板	无线网卡	蓝牙适配器	键盘	麦克风	鼠标
销售员								
刘英玫	15782.4	37627.5	36215.9	34880.88	5947.56	21024.0	19734.66	53129.31
孙林	19653.6	30609.5	10054.8	0.00	2361.96	0.0	17566.56	56998.37
张雪眉	10725.6	26372.6	0.0	0.00	18375.12	4071.6	6882.48	0.00
张颖	63842.4	112000.9	28420.2	25486.04	19594.44	36631.8	16637.94	41082.60
李芳	19255.2	16324.1	17271.0	27271.38	5680.80	20968.2	9202.05	65044.46
王伟	14191.2	84610.4	0.0	45103.42	0.00	36856.8	25864.74	77124.06
赵军	5776.8	15958.7	0.0	11550.42	0.00	0.0	22274.01	10240.75
郑建杰	39007.2	27352.8	12663.5	58152.60	19364.40	0.0	21072.15	143101.40
金士鹏	6696.0	16718.5	18376.8	23649.08	9552.60	16916.4	5494.50	22798.75

图 10-24　实训巩固(5)运行结果

(6) 从日期中提取"月",存放为新列。

df['交易日期'] = df['交易日期'].dt.strftime('%Y-%m-%d')
df["月"] = df["交易日期"].str.split('-',expand = True)[1]
df.head()

运行结果如图 10-25 所示。

	交易日期	销售城市	产品名称	销售员	成本	单价	数量	折扣	成交金额	利润	月
0	2021-01-03	北京	键盘	张颖	135.0	180	20	0.14	3096.00	396.00	01
1	2021-01-03	重庆	无线网卡	张颖	133.5	178	10	0.20	1424.00	89.00	01
2	2021-01-04	上海	蓝牙适配器	张雪眉	81.0	108	61	0.12	5797.44	856.44	01
3	2021-01-04	重庆	蓝牙适配器	郑建杰	81.0	108	18	0.09	1769.04	311.04	01
4	2021-01-04	重庆	蓝牙适配器	郑建杰	81.0	108	39	0.06	3959.28	800.28	01

图 10-25　实训巩固(6)运行结果

(7) 按月对各城市"成交金额"进行统计。

```
df.pivot_table(index = ["月"], columns = ["销售城市"],
               values = ["成交金额"], aggfunc = 'sum', fill_value = 0)
```

运行结果如图 10-26 所示。

		成交金额		
销售城市	上海	北京	天津	重庆
月				
01	12834.00	61114.06	22261.68	42799.96
02	26562.07	26385.97	43534.85	12580.92
03	51191.36	95374.32	30560.93	23895.57
04	53749.36	34660.91	41939.08	25141.18
05	43201.85	53251.90	44994.63	67876.56
06	37407.54	45609.62	38446.45	18185.28
07	30841.62	35938.32	53489.03	3438.09
08	30716.60	10333.08	58664.18	58983.23
09	49926.50	11947.56	51600.78	34331.36
10	19555.08	25738.38	40922.66	17837.60
11	46847.45	27121.64	47301.30	31310.05
12	8599.00	22027.26	50102.67	22062.40

图 10-26　实训巩固(7)运行结果

(8) 按月对销售员"成交金额"进行统计。

```
df.pivot_table(index = ["月"], columns = ["销售员"],
               values = ["成交金额"], aggfunc = 'sum', fill_value = 0,
               margins = True)
```

147

运行结果如图 10-27 所示。

销售员	刘英玫	孙林	张雪眉	张颖	李芳	王伟	赵军	郑建杰	金士鹏	成交金额 All
月										
01	13574.60	0.00	13247.04	26177.06	2394.00	26986.24	2573.28	36883.68	17173.80	139009.70
02	9446.40	22768.85	9844.92	27454.52	4800.62	10543.41	10594.93	7301.16	6309.00	109063.81
03	744.48	0.00	6322.20	25191.96	27863.91	60752.68	9402.84	54146.51	16597.60	201022.18
04	5475.64	1172.16	16268.76	33277.30	13930.80	30968.04	13908.98	18375.85	22113.00	155490.53
05	50700.14	22475.45	2245.32	58553.20	29858.71	1151.15	9271.26	35069.71	0.00	209324.94
06	20037.78	13510.80	2320.00	57221.10	20526.21	10648.00	0.00	13088.20	2296.80	139648.89
07	18937.31	2375.40	3363.03	28203.98	20400.44	32399.68	2088.00	7421.02	8518.20	123707.06
08	8772.30	29243.55	0.00	22458.20	18566.22	26513.40		50847.22	2296.20	158697.09
09	12884.20	23154.12	4071.60	16714.44	28072.32	39750.80	0.00	23158.72	0.00	147806.20
10	34442.68	20182.50	0.00	12796.86	0.00	14496.80	0.00	5555.88	16579.00	104053.72
11	40746.98	2361.96	1274.13	25865.00	0.00	16315.72	5776.80	39587.12	20652.73	152580.44
12	8579.70	0.00	7470.40	9782.70	14603.96	13224.70	12184.59	29278.98	7666.30	102791.33
All	224342.21	137244.79	66427.40	343696.32	181017.19	283750.62	65800.68	320714.05	120202.63	1743195.89

图 10-27　实训巩固(8)运行结果

（9）不同列使用不同的聚合函数，对"成交金额"求和与平均成本。

df.pivot_table(index=["月"], columns=["销售城市"], values=["成交金额","成本"],

aggfunc={"成交金额":'sum',"成本":'mean'}, fill_value=0)

运行结果如图 10-28 所示。

销售城市	成交金额				成本			重庆
	上海	北京	天津	重庆	上海	北京	天津	
月								
01	12834.00	61114.06	22261.68	42799.96	126.500000	162.750000	140.750000	149.175000
02	26562.07	26385.97	43534.85	12580.92	149.250000	158.812500	128.812500	177.187500
03	51191.36	95374.32	30560.93	23895.57	149.125000	155.454545	173.142857	124.250000
04	53749.36	34660.91	41939.08	25141.18	174.750000	204.321429	143.333333	116.531250
05	43201.85	53251.90	44994.63	67876.56	154.050000	182.700000	169.312500	169.821429
06	37407.54	45609.62	38446.45	18185.28	140.550000	164.625000	161.416667	138.000000
07	30841.62	35938.32	53489.03	3438.09	194.000000	134.156250	161.250000	127.125000
08	30716.60	10333.08	58664.18	58983.23	180.000000	104.625000	165.818182	194.375000
09	49926.50	11947.56	51600.78	34331.36	157.950000	142.125000	177.300000	158.400000
10	19555.08	25738.38	40922.66	17837.60	133.500000	174.250000	145.625000	169.750000
11	46847.45	27121.64	47301.30	31310.05	134.035714	185.400000	159.692308	185.062500
12	8599.00	22027.26	50102.67	22062.40	145.875000	158.250000	169.557692	198.750000

图 10-28　实训巩固(9)运行结果

任务五 实训任务

【任务 10-1】 打开"10.5 案例实训数据.xlsx",分析数据结构。

```
import pandas as pd
import numpy as np
from datetime import datetime

df = pd.read_excel(r"d:\数据\10.5 案例实训数据.xlsx")
print(df.shape)
df.head(5)
```

运行结果如图 10-29 所示。

(3478,7)

	商品ID	类别ID	门店编号	单价	销量	成交时间	订单ID
0	30006206	915000003	NT23	25.23	1	2021-10-03 09:56:00	NT17152759
1	30163281	914010000	NT23	2.00	3	2021-10-03 09:56:00	NT17152759
2	30200518	922000000	NT23	19.62	1	2021-10-03 09:56:00	NT17152759
3	29989105	922000000	NT23	2.80	3	2021-10-03 09:56:00	NT17152759
4	30179558	915000100	NT23	47.41	1	2021-10-03 09:56:00	NT17152759

图 10-29 [任务 10-1]运行结果

【任务 10-2】 添加"小时""销售额"列。

```
df['成交时间'] = pd.to_datetime(df['成交时间'])
df['小时'] = df['成交时间'].dt.hour
df['销售额'] = df['单价'] * df['销量']
df.head()
```

运行结果如图 10-30 所示。

	商品ID	类别ID	门店编号	单价	销量	成交时间	订单ID	小时	销售额
0	30006206	915000003	NT23	25.23	1	2021-10-03 09:56:00	NT17152759	9	25.23
1	30163281	914010000	NT23	2.00	3	2021-10-03 09:56:00	NT17152759	9	6.00
2	30200518	922000000	NT23	19.62	1	2021-10-03 09:56:00	NT17152759	9	19.62
3	29989105	922000000	NT23	2.80	3	2021-10-03 09:56:00	NT17152759	9	8.40
4	30179558	915000100	NT23	47.41	1	2021-10-03 09:56:00	NT17152759	9	47.41

图 10-30 [任务 10-2]运行结果

【任务 10-3】 基于门店编号分组计算"销售额"合计。

```
df.groupby("门店编号")['销售额'].sum()
```

运行结果如下：

```
门店编号
NT04     20844.15
NT17     23017.21
NT23     17940.35
Name:销售额,dtype:float64
```

【任务 10-4】 基于小时分组计算"销售额"合计。

```
df.groupby("小时")['销售额'].sum()
```

运行结果如下：

```
小时
6       2264.08
7       2358.80
8       7655.75
9       8594.59
10      8767.45
11      3681.96
13      2376.51
14      2358.38
15      2646.44
16      3082.77
17      4634.91
18      4546.71
19      5959.80
20      2172.33
21       701.23
Name:销售额,dtype:float64
```

【任务 10-5】 删除重复的订单 ID,并基于小时筛选"订单 ID"的个数。

```
df1 = df.drop_duplicates(subset = ['订单 ID'])
df1.groupby("小时")['订单 ID'].count()
```

运行结果如下：

```
小时
6        10
```

7	37
8	106
9	156
10	143
11	63
13	30
14	36
15	17
16	50
17	73
18	71
19	71
20	39
21	16

Name：订单 ID，dtype：int64

【任务 10-6】　按时段统计各门店客流量数据。

```
df1.pivot_table(index = ["小时"],columns = ['门店编号'],values = "订单 ID",
                aggfunc ='count',fill_value = 0,margins = True)
```

运行结果如图 10-31 所示。

门店编号 小时	NT04	NT17	NT23	All
6	10	0	0	10
7	7	8	22	37
8	8	77	21	106
9	81	72	3	156
10	50	46	47	143
11	30	10	23	63
13	0	0	30	30
14	0	0	36	36
15	0	0	17	17
16	0	10	40	50
17	25	39	9	73
18	31	40	0	71
19	35	36	0	71
20	24	15	0	39
21	14	2	0	16
All	315	355	248	918

图 10-31　［任务 10-6]运行结果

**拓展阅读**

大数据助力"新农人"

　　高质量的"增效降本"通过创新的技术来实现效率大幅度提高,以达到降低单位成本的目标。如今,数字化和新科技融合已经成为推动现代农业发展的关键因素。

　　例如,虽是农忙时节,辽宁沈阳种粮大户老王却颇为从容,他每天都会浏览手机上的"MAP智农"软件,他种植的1 800亩良田的卫星地图、两小时内的天气情况、土壤肥力等信息一目了然。

　　老王说:"流转土地面积多少、天气适不适合打药、灌水层深浅、作物长势等,以前都要靠人工测量、现场查看,现在通过卫星采集数据,不仅能及时发现问题做出预警,还能精准定位,大大减少了巡田工作量。"老王还强调:"看'数'种田,去年每亩水稻增收50斤,施肥成本降低20元。"

　　数字"种"进土地,乡村振兴添动力。截至目前,全国多地已开展建设"数字孪生农业基地",积极推动建设"三农"专题数据库,汇集各类涉农数据。信息网站、短信平台、语音系统、智慧农业App等技术,已经在各地农业政务管理、综合信息服务、农业生产经营、农产品流通等领域应用。

知行合一

课后练习

一、选择题

1. df. describe()函数的作用是(　　　　)。
　　A. 对于数据进行描述性统计　　　　　　B. 对 df 进行转置
　　C. 获取 DataFrame 的维度　　　　　　D. 获取 DataFrame 的形状

2. 在 Pandas 中,以下不能生成数据透视表的是(　　　　)。
　　A. pivot()　　　　　　　　　　　　　B. pivot_table()
　　C. groupby()　　　　　　　　　　　　D. cross_table()

3. 下列关于 Pandas 分组聚合的说法错误的是(　　　　)。
　　A. 聚合函数 sum()用于求和　　　　　　B. 聚合函数 mean()用于计算平均值
　　C. 聚合函数 median()用于计算标准差　　D. 聚合函数 count()用于计数

4. 下列关于 groupby()函数说法正确的是(　　　　)。
　　A. groupby()函数能够实现分组聚合
　　B. groupby()函数的结果能够直接查看
　　C. groupby()函数是 Pandas 提供的一个用来分组的方法
　　D. groupby()函数是 Pandas 提供的一个用来聚合的方法

5. 使用 pivot_table()函数制作透视表用(　　　)参数设置行分组键。
　　A. index　　　　　　B. raw　　　　　　C. values　　　　　　D. data

二、填空题

1. 执行下列程序,输出结果为_____。

```python
import pandas as pd
df = pd.DataFrame({'A':[1,2,2,1],
                   'B':[1,2,3,4],
                   'C':[6,8,1,9]})
df.groupby('A').agg(['sum'])
```

2. 执行下列程序,输出结果为_____。

```python
import pandas as pd
s = pd.Series(range(1,6),index = [3,4,0,2,1])
s.sort_index()
```

3. 执行下列程序,输出结果为_____。

```python
import pandas as pd
df = pd.DataFrame([['A','B','C'],['B','A','C'],
                   ['A','B','C'],['A','B','C']],
                  columns = ['a','b','c'])
df['b'].value_counts()
```

三、操作题

1. 打开"HousePrice.csv"数据集,完成下列数据统计工作。
   (1) 求"price"列的平均值
   (2) 求"roomnum"列频次统计,即求不同厅数的房屋数量。
   (3) 分组统计各"dist"的平均"price"。
   (4) 使用数据透视表统计各"dist""floor"的平均"price"。

2. 打开"tips.csv"数据集,完成下列数据统计工作。
   (1) 统计吸烟者、不吸烟者付小费的情况(平均人数、小费和账单收入)。
   (2) 统计每天午餐和晚餐,吸烟者、不吸烟者人数和付小费的情况。

项目十一 数据可视化

知识目标

◎ 掌握 Matplotlib 库的基本使用方法
◎ 掌握折线图的绘制方法
◎ 掌握柱形图的绘制方法
◎ 掌握饼图的绘制方法

能力目标

◎ 能够绘制折线图
◎ 能够绘制柱形图
◎ 能够绘制饼图
◎ 能够进行多子图绘制

素养目标

◎ 培养学生图表工具的运用能力
◎ 培养学生数据可视化的运用能力

任务一 认识 Matplotlib

Matplotlib 首次发表于 2007 年,在函数设计上参考了 MATLAB,其名字以"Mat"开头,中间的"plot"表示绘图这一作用,而结尾的"lib"则表示库。近年来 Matplotlib 在开源社区的推动下,在科学计算领域得到了广泛的应用,成为 Python 中应用非常广泛的绘图工具包之一。Matplotlib 中应用最广的是 matplotlib. pyplot 模块。

matplotlib. pyplot(以下简称 pyplot)模块是一个命令风格函数的集合,使 Matplotlib 的机制更像 MATLAB。每个绘图函数都可以对图形进行更改,如创建图形、在图形中创建绘图区域、在绘图区域绘制线条、使用标签装饰绘图等。Matplotlib 绘图步骤如下。

1. 导入绘图库

在绘图之前,需要导入 Matplotlib 库中的 pyplot 模块,其一般格式如下:

```
import matplotlib.pyplot as plt
```

2. 创建画布

创建画布的主要作用是构建一张空白的绘图窗口(figure),其一般格式如下:

```
plt.figure(figsize = (len,wid))
```

其中,len 表示画布的长度,wid 表示画布的宽度。

3. 创建子图

当只绘制一幅简单的图形时,该步骤可以省略。

在 Matplotlib 中,整个图像为一个对象。对象中可以包含一个或者多个子图。在绘图时,可以选择是否将整个绘图窗口划分为多个子图,以方便在同一幅图上绘制多个子图。

在 Matplotlib 中,可以利用 subplot()函数将当前绘图窗口(figure)按行、列编号划分为多个矩形窗格,每一个矩形窗格都对应一个子图,其一般方法为:

```
plt.subplot(m, n, k)      #  添加编号为 k 的子图
```

其中,m 表示绘图窗口分为 m 行,n 表示绘图窗口分为 n 列,k 表示创建的子图编号。创建子图代码示例如下:

```
import matplotlib.pyplot as plt

plt.figure(figsize = (6,4), dpi = 130)
plt.subplot(2,2,1)
plt.subplot(2,2,2)
plt.subplot(2,2,3)
plt.subplot(2,2,4)
plt.show()
```

运行结果如图 11-1 所示。

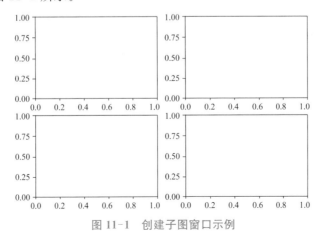

图 11-1 创建子图窗口示例

4. 添加画布内容

添加画布内容是绘图的主体部分。其中，添加标题、添加坐标轴名称、绘制图形等步骤是并列的，没有先后顺序，可以先绘制图形，也可以先添加各类标签，但是一定要在绘制图形之后添加图例。在 pyplot 模块中添加各类标签和图例的函数如表 11-1 所示。

表 11-1 　　　　　　　　　　pyplot 模块中添加各类标签和图例的函数

函数	描述
plt.title()	添加标题，可以指定标题的名称、位置、颜色、字体大小等参数
plt.xlabel()	添加 x 轴名称，可以指定位置、颜色、字体大小等参数
plt.ylabel()	添加 y 轴名称，可以指定位置、颜色、字体大小等参数
plt.lengend()	指定图形的图例，可以指定图例的大小、位置、标签
plt.xlim()	指定图形 x 轴的范围，只能确定一个数值区间，而无法使用字符串标识
plt.ylim()	指定图形 y 轴的范围，只能确定一个数值区间，而无法使用字符串标识
plt.xticks()	指定 x 轴刻度范围
plt.yticks()	指定 y 轴刻度范围

5. 保存与显示图形

保存与显示图形的常用函数，如表 11-2 所示。

表 11-2 　　　　　　　　　　保存与显示图形的常用函数

函数	描述	函数	描述
plt.savefig()	保存绘制的图形	plt.show()	显示图形

任务二　简单绘图

一、绘制折线图

折线图是一种将数据点按照顺序连接起来的图形。可以将折线图看作是将数据点按照 x 轴坐标顺序连接起来的图形。折线图的主要功能是查看因变量 y 随着自变量 x 改变的趋势，最适合用于显示随时间（根据常用比例设置）变化的连续数据，同时还可以查看数量的差异、增长趋势的变化。pyplot 模块中绘制折线图的函数为 plot()，其基本语法格式如下：

```
plt.plot(x,y,linestyle)
```

其中，x 表示 x 轴对应的数据，y 表示 y 轴对应的数据，linestyle 表示线条样式。

【例 11-1】 打开"可视化数据.xlsx",统计 1~9 月各个月的销售额后,绘制折线图。

```
import pandas as pd
import numpy as np
import matplotlib.pyplot as plt


df = pd.read_excel(r"D:/数据/可视化数据.xlsx", header = 0)
df.dropna(how = 'all', axis = 1, inplace = True)
#  统计 1~9 月各个月的销售额
sales = df.groupby('月')['金额'].sum()
sales
```

1~9 月各个月的销售额结果如下:

```
月
1    4211824.55
2    3342800.58
3    9850313.89
4    7151948.96
5    5813747.97
6    6866631.60
7    9993340.94
8    7003976.73
9    7410502.92
Name:金额, dtype:float64
```

绘制 1~9 月各个月的销售额折线图,代码如下:

```
plt.figure(dpi = 200)
plt.plot(sales.index, sales.values)
plt.xlabel('月份')
plt.ylabel('月销售额')
plt.title("各月销售额")
#  防止科学记数法
plt.ticklabel_format(style = 'plain')
#  解决中文显示问题
plt.rcParams['font.sans - serif'] = ['KaiTi']
plt.show()
```

运行结果如图 11-2 所示。

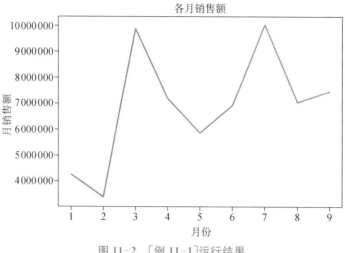

图 11-2　［例 11-1］运行结果

二、绘制柱形图

柱形图是统计报告图的一种，由一系列高度不等的纵向条纹或线段表示数据分布的情况，一般用横轴表示数据所属类别，用纵轴表示数量或占比。柱形图一般用于描述分类型数据，一般将分类型字段设为横坐标，而将统计值设为纵坐标。

pyplot 模块中绘制柱形图的函数为 bar() 函数，其一般语法格式如下：

```
plt.bar(x,height,width,color)
```

bar() 函数常用参数如表 11-3 所示。

表 11-3　　　　　　　　　　　　bar() 函数常用参数

参数	描述	参数	描述
x	x 轴数据	width	柱状的宽度
height	y 轴数据	color	柱状的填充颜色

【例 11-2】　利用［例 11-1］中的销售额绘制柱形图。

```
plt.figure(dpi = 150)
plt.bar(sales.index,sales.values,width = 0.4)
plt.xlabel('月份')
plt.ylabel('月销售额')
plt.title("各月销售额")
# 防止科学记数法
plt.ticklabel_format(style = 'plain')
plt.show()
```

运行结果如图 11-3 所示。

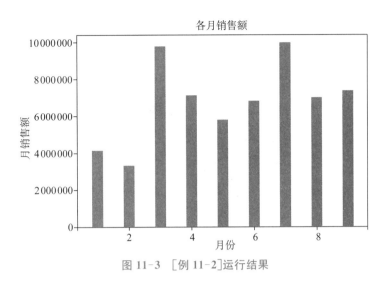

图 11-3 ［例 11-2］运行结果

三、绘制饼图

饼图可以显示一个数据序列(图表中绘制的相关数据点)中各项的大小占各项总和的比例,每个数据序列具有唯一的颜色,并且与图例中的颜色是对应的。饼图以圆形图案代表研究对象的整体,以圆心为共同顶点的各个不同扇形图案(饼片)显示各组成部分在整体中所占的比例,一般可用图例表明各扇形图案所代表的项目的名称及其所占百分比。

pyplot 模块提供了 pie()函数来绘制饼图,其一般语法格式为:

plt.pie (x,explod,labels,color,radius,autopct)

pie()函数常用参数如表 11-4 所示。

表 11-4   pie()函数常用参数

参数	描述	参数	描述
x	表示每份饼片的数据	color	表示每份饼片的颜色
explod	表示每份饼片边缘偏离半径的百分比	radius	表示饼图的半径
labels	表示每份饼片的标签	autopct	表示数值百分比的样式

【例 11-3】 利用［例 11-1］中的销售额绘制饼图。

```
plt.figure(dpi = 150)
plt.pie(sales.values, labels = sales.index, autopct ='% 1.1f % %')
plt.title("各月销售额")
plt.show()
```

运行结果如图 11-4 所示。

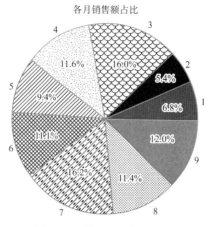

各月销售额占比

图 11-4　［例 11-3］运行结果

四、组合图形的绘制

组合图形就是把多张图表绘制在同一坐标系中。

【例 11-4】　将［例 11-1］和［例 11-2］的两张图表组合在一起。

```
plt.figure(dpi = 150)
plt.plot(sales.index,sales.values)
plt.bar(sales.index,sales.values,width = 0.4)
plt.title("各月销售额")
plt.xlabel('月份')
plt.ylabel('月销售额')
plt.ticklabel_format(style = 'plain')
plt.show()
```

运行结果如图 11-5 所示。

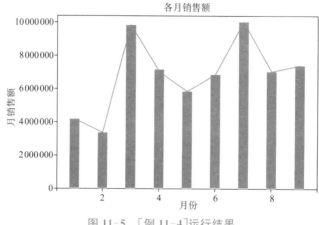

各月销售额

图 11-5　［例 11-4］运行结果

随堂练习：

利用［例 11-1］和［例 11-2］的两张图表绘制子图。

任务三 实 训 任 务

读取地铁站点进出站客流数据表,统计每个站点每个时刻(除去周末和节假日)的总进站客流量和总出站客流量。

【任务 11-1】 打开"Data.xlsx",提取除去周末和节假日的数据。

```
import pandas as pd
import numpy as np
#  读取数据
df = pd.read_excel(r"D:/数据/Data.xlsx")
#  数据预处理
weekend_day = ['2022-10-08','2022-10-09','2022-10-10','2022-10-11',
              '2022-10-12','2022-10-13','2022-10-14','2022-10-17',
              '2022-10-18','2022-10-19','2022-10-20','2022-10-21',
              '2022-10-24',
              '2022-10-25','2022-10-26','2022-10-27','2022-10-28',
              '2022-10-31']
print(df.shape)
df_new = pd.DataFrame()
for i in weekend_day:
    data = df.loc[df['日期'] == i]
    df_new = df_new.append(data)
df_new
```

运行结果如图 11-6 所示。

(10540,5)

【任务 11-2】 统计每个站点每个时刻的总进站客流量和总出站客流量。

```
df1 = df_new.groupby(["站点名称","时刻"])["进站人数","出站人数"].sum()
df1 = df1.reset_index()
df1
```

运行结果如图 11-7 所示。

	站点名称	日期	时刻	进站人数	出站人数
119	人民路	2022-10-08	7	169	314
120	人民路	2022-10-08	8	600	1573
121	人民路	2022-10-08	9	582	2452
122	人民路	2022-10-08	10	962	1468
123	人民路	2022-10-08	11	1825	1201
...	...	...	...	...	...
10535	盘香路	2022-10-31	19	5780	2558
10536	盘香路	2022-10-31	20	3390	1930
10537	盘香路	2022-10-31	21	2800	1147
10538	盘香路	2022-10-31	22	2214	805
10539	盘香路	2022-10-31	24	425	647

6120 rows × 5 columns

图 11-6　[任务 11-1]运行结果

	站点名称	时刻	进站人数	出站人数
0	人民路	7	2371	4354
1	人民路	8	9092	20002
2	人民路	9	9948	36497
3	人民路	10	20999	27569
4	人民路	11	34806	24494
...	...	...	...	...
335	青年路	19	21810	15777
336	青年路	20	7950	9835
337	青年路	21	4770	6880
338	青年路	22	3374	5712
339	青年路	24	253	2757

340 rows × 4 columns

图 11-7　[任务 11-2]运行结果

【任务 11-3】　用一个 2×2 的子图将"人民路""青年路""盘香路""图书馆"四个站点各时刻的进站客流量数据分别绘制成折线图、饼图、柱状图和折线图。

```
import matplotlib.pyplot as plt
```

```
#　获取站点"人民路""青年路""盘香路""图书馆"各时刻进站人数
zd1 = df1.loc[df1['站点名称'] = = '人民路']
zd2 = df1.loc[df1['站点名称'] = = '青年路']
zd3 = df1.loc[df1['站点名称'] = = '盘香路']
zd4 = df1.loc[df1['站点名称'] = = '图书馆']
plt.figure(dpi = 130)
#　绘制 2×2 的子图
#　绘制第一个子图,站点"人民路"
plt.subplot(2,2,1)
#　定义 x1,y1
x1 = zd1.iloc[:,1]
y1 = zd1.iloc[:,2]
#　绘制折线图
plt.plot(x1,y1)
#　设置 x 轴,y 轴标签
plt.xlabel('时刻')
plt.ylabel('进站人数')
#　防止科学记数法
plt.ticklabel_format(style = 'plain')
#　解决中文显示问题
plt.rcParams['font.sans - serif'] = ['KaiTi']
#　第一个子图标题
plt.title('人民路站各时刻进站客流')


#　绘制第二个子图,站点"青年路"
plt.subplot(2,2,2)
#　定义 x2,y2
x2 = zd2.iloc[:,1]
y2 = zd2.iloc[:,2]
#　绘制饼图
plt.pie(y2,labels = x2,autopct = '%1.1f % %',pctdistance = 0.8,radius = 1.2)
#　第二个子图标题
plt.title('青年路站各时刻进站客流')


#　第三个子图,站点"盘香路"
plt.subplot(2,2,3)
#　定义 x3,y3
x3 = zd3.iloc[:,1]
y3 = zd3.iloc[:,2]
```

```
#  绘制柱状图
plt.bar(x3,y3,width = 0.4)
#  设置 x 轴,y 轴标题
plt.xlabel('时刻')
plt.ylabel('进站人数')
#  第三个子图标题
plt.title('盘香路站各时刻进站客流')


#  第四个子图,站点"图书馆"
plt.subplot(2,2,4)
#  定义 x4,y4
x4 = zd4.iloc[:,1]
y4 = zd4.iloc[:,2]
#  绘制折线图
plt.plot(x4,y4)
#  设置 x 轴,y 轴标签
plt.xlabel('时刻')
plt.ylabel('进站人数')
#  第四个子图标题
plt.title('图书馆站各时刻进站客流')
plt.subplots_adjust(left = None,bottom = None,right = None,top = 0.93,
                    wspace = 0.4,hspace = 0.5)    #  调整子图间距
plt.show()
```

运行结果如图 11-8 所示。

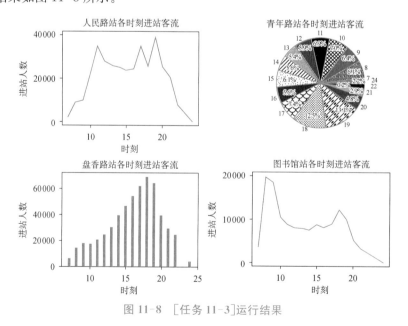

图 11-8 [任务 11-3]运行结果

拓展阅读

可视化是大数据的"最后一公里"

早在 18 世纪的英国,人们已经开始采用地图显示流行病者的分布。20 世纪中叶,现代电子计算机的诞生彻底改变了数据分析工作。到 20 世纪 60 年代晚期,大型计算机已广泛分布于西方的大学和研究机构,使用计算机程序绘制数据可视化图形逐渐取代手绘图形。进入 21 世纪,随着数据数量级的爆发式增长,现有可视化工具已难以应对,需要综合可视化工具、图形学、数据挖掘理论与方法,研究新的理论模型,辅助用户从大尺度、复杂、矛盾的数据中快速挖掘出有用的数据,作出有效决策。

当前,我们可以从网络、城市、财务、物流、农业、传感器等来源收集大量数据,然后提取、整合、筛选出适合的数据,再进行大数据计算与数据挖掘。而可视化就是数据分析的"最后一公里",用图像形式把有用的数据展示给终端用户,应用范围包括财务与风险管理、农业、智慧城市、网上购物、健康管理等各个领域。读图识数据、说故事等方式,更加适用于普罗大众,使人们能够清晰、直观地感受数据。因此,数据可视化也是向数据使用者展示分析结果的重要方法。

知行合一

课后练习

一、选择题

1. 在 Matplotlib 中,用于绘制饼图的函数是(　　　　)。
   A. hist()　　　　　　　　　　　B. scatter()
   C. bar()　　　　　　　　　　　 D. pie()

2. 在 Matplotlib 中,用于实现普通图表的绘制工作的模块是(　　　　)。
   A. mpl_toolkits. mplot3d　　　　 B. matplotlib. ticker
   C. matplotlib. pyplot　　　　　　 D. pychart

3. 以下函数可以实现画布创建的是(　　　　)。
   A. subplots()　　　　　　　　　 B. add_subplot()
   C. figure()　　　　　　　　　　　D. subplot2grid()

4. matplotlib. pyplot 模块中的函数 plot() 可以用来绘制(　　　　)。
   A. 柱形图　　　　　　　　　　　B. 雷达图
   C. 折线图　　　　　　　　　　　D. 饼图

5. matplotlib. pyplot 模块中的函数 bar() 可以用来绘制(　　　　)。
   A. 饼图　　　　　　　　　　　　B. 柱形图
   C. 散点图　　　　　　　　　　　D. 折线图

二、操作题

1. 根据数据 x=[1,2,3,4,5,6],y=[5,8,10,12,9,5],生成折线图、柱形图、饼图。

2. 某公司 1~6 月的销售收入如表 11-5 所示。绘制折线图与饼图的多子图。

表 11-5   1~6 月销售收入   单位:万元

月份	销售收入	月份	销售收入
1 月	65	4 月	101
2 月	80	5 月	75
3 月	47	6 月	90

Python 大数据分析综合实训

 知识目标

◎ 了解用户行为分析的指标体系

◎ 了解零售业大数据分析的维度

◎ 了解大数据分析的基本流程

 能力目标

◎ 掌握大数据分析中的数据清洗方法

◎ 掌握大数据分析中的数据统计分析方法

◎ 掌握大数据分析中的数据可视化方法

 素养目标

◎ 培养学生解决实际问题的能力

◎ 培养学生数据分析综合运用能力

任务一　电商平台用户行为大数据分析

一、数据背景

企业想要进行精细化运营管理,围绕的中心永远是用户。用户研究的常用方法有:情境调查、用户访谈、问卷调查、A/B测试、可用性测试与用户行为分析。其中,用户行为分析是用户研究的最有效方法之一,本任务将重点介绍该方法。

1. 用户行为分析概述

用户行为分析对用户在产品上产生的行为及行为背后的数据进行分析,通过构建用户行为模型和用户画像,来进行产品决策,实现精细化运营,指导业务增长。

在产品运营过程中,对用户行为数据进行收集、存储、跟踪、分析与应用等,可以找到实现用户自增长的病毒因子、群体特征与目标用户,从而深度还原用户使用场景、操作规律、访问路径及行为特点等。

2. 用户行为分析的目的

对于互联网金融、新零售、供应链、在线教育、银行、证券等行业的产品而言,以数据为驱动的用户行为分析尤为重要。用户行为分析的目的是推动产品迭代、实现精准营销、提供定制服务、驱动产品决策等,具体体现在以下几个方面:

(1) 对产品而言,帮助验证产品的可行性,研究产品决策,清楚地了解用户的行为习惯,并找出产品的缺陷,以便迭代与优化产品。

(2) 对设计而言,帮助增加体验的友好性,匹配用户使用习惯,贴合用户的个性需求,并发现交互的不足,以便完善与改进设计。

(3) 对运营而言,帮助提升裂变增长的有效性,实现精准营销,全面地挖掘用户的使用场景,并分析运营的问题,以便转变与调整决策。

3. 用户行为分析的指标

对用户行为数据进行分析的关键是找到一个衡量数据的指标。根据用户行为表现,数据可以细分为多个指标,主要分为三类:黏性指标、活跃指标和产出指标。

(1) 黏性指标:主要关注用户周期内持续访问的情况,如新用户数比例、活跃用户数比例、用户转化率、用户留存率、用户流失率、用户访问率等。

(2) 活跃指标:主要考察的是用户访问的参与度,如活跃用户、新增用户、回访用户、流失用户、平均停留时长、使用频率等。

不同的公司对活跃的定义也不同。根据周期不同,活跃指标可以分为以下几种:日活跃用户数量、周活跃用户数量、月活跃用户数量。统计月活跃用户数量的时候,要注意去重,因为月活跃用户数量并不是日活跃用户数量之和。

新增用户数按时间可以分为日新增用户数和月新增用户数。如何定义新增用户,需要结合业务实际去考虑。

(3) 产出指标:主要衡量用户创造的直接价值输出,如页面浏览量、独立访客数、点击次数、消费频次、消费金额等。

这些指标细分的目的是指导运营决策,即根据不同的指标去优化与调整运营策略。简而言之,用户行为分析指标细分的根本目的有:一是增加用户的黏性,提升用户的认知度;二是提升用户的活跃度和参与度;三是提高用户的价值,培养用户的忠诚度。

4. 用户行为分析的实施

确定好用户行为分析指标后,可以借助一些模型对用户行为的数据进行定性和定量分析。常用的分析模型有:行为事件分析、用户留存分析、漏斗模型分析、行为路径分析。

(1) 行为事件分析是根据运营关键指标对用户特定事件进行分析。通过追踪或记录用户行为事件,可以快速了解事件的趋势和用户的完成情况,能够解决用户是谁、从哪里来、什么时候来、做了什么事情、为什么去做、如何做等问题,归纳总结为事件的定义遵循 5W/1H 原则(Who,Where,When,What,Why,How)。5W/1H 原则主要用于研究某行为事件的发生对企业组织价值的影响及影响程度。

(2) 用户留存分析是一种用来分析用户参与情况与活跃程度的模型。例如,通过留存

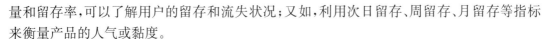

量和留存率,可以了解用户的留存和流失状况;又如,利用次日留存、周留存、月留存等指标来衡量产品的人气或黏度。

用户留存一般符合 40-20-10 法则,即新用户的次日留存率大于 40%、周留存率大于 20%、月留存率大于 10%才符合业务标准。用户留存分析主要验证当前指标是否达到既定的运营目标,进而执行下一步的产品决策。

次日留存率的相应指标公式如下:

次日留存率=某天新增用户中第二天还登录的用户数÷某天新增用户数

对于用户访问带有明显周期性的产品,可以改用 n 日内留存率更能反映真实情况。n 日内留存率的公式如下:

n 日内留存率=第二天至第 n 天内还登录的用户数÷第一天新增用户数

日留存率常用于衡量一个推广渠道的质量,周留存率和月留存率则可以衡量互联网产品的黏性。

(3) 漏斗模型分析是描述用户在使用产品过程中,各个阶段关键环节的用户转化和流失率情况。例如,在日常运营活动中,通过确定各个环节的流失率,分析用户怎么流失、为什么流失、在哪里流失,找到需要改进的环节,并采取有效的措施来提升整体转化率。

漏斗模型分析通过对各环节相关转化率的比较,可以验证整个流程的设计是否合理,可以发现运营活动中哪些环节转化率没有达到预期指标,从而发现问题所在,并找到优化方向。

(4) 行为路径分析是分析用户在产品使用过程中的访问路径。通过对行为路径的数据分析,可以发现用户最常用的功能和使用路径,并从页面的多维度分析追踪用户转化路径,提升产品用户体验。

不论是产品冷启动,还是日常活动营销,行为路径分析首先要梳理用户行为路径。用户行为路径包括认知、熟悉、试用、使用、忠诚等。路径背后反映的是用户特征,这些特征对产品运营有重要的参考价值。在分析用户行为路径时,可能会发现用户实际的行为路径与期望的行为路径有一定的偏差。这个偏差就是产品可能存在的问题,需要及时对产品进行优化,找到缩短路径的空间。

二、数据说明

数据说明,如表 12-1 所示。

表 12-1　　　　　　　　　　　　　　数据说明

字段	描述	字段	描述
user_id	用户 ID	behavior_type	用户行为类别
item_id	商品 ID	time	用户行为发生的时间
item_category	商品所属品类		

三、分析目标

基于淘宝 App 平台数据,通过相关指标对用户行为进行分析,旨在推动产品迭代、实现精准营销、提供定制服务、驱动产品决策等。

1. 获得相关指标

(1) 总量。

(2) 日页面浏览量(page views，PV)，网站的页面被打开的次数。

(3) 日访问人数(unique visitors，UV)，访问网站的用户数。

2. 用户消费行为分析

(1) 付费率。

(2) 复购率。重复购买率越高，消费者对产品的认可程度越高。计算方法是先计算出重复购买某个产品的客户数，然后除以客户总数。

四、理解数据

打开"9天用户行为数据集.csv"，查看数据情况。

```
#  导入相关库
import pandas as pd
import numpy as np
import time
import matplotlib.pyplot as plt
import warnings

plt.rcParams["font.family"] = "SimHei"
plt.rcParams["axes.unicode_minus"] = False
plt.rcParams.update({"font.size":15})
plt.style.use("seaborn-darkgrid")
warnings.filterwarnings("ignore")

dt = pd.read_csv(r"D:\数据\9天用户行为数据集.csv")
#  查看数据情况
print(dt.shape)
print(dt.columns)
dt.head()
```

运行结果如图12-1所示。

```
(1047830, 5)
Index(['user_id', 'item_id', 'item_category', 'behavior_type', 'time'], dtype =
'object')
```

	user_id	item_id	item_category	behavior_type	time
0	1000001	1649625	4145813	pv	1650040929
1	1000001	250452	4145813	pv	1650042582
2	1000001	1649625	4145813	pv	1650042711
3	1000001	3093290	4145813	pv	1650077788
4	1000001	4343896	4756105	pv	1650121700

图 12-1　理解数据运行结果

五、数据清洗

1. 统计缺失值、重复值

```
print(dt.isnull().sum())
print(dt.duplicated().sum())
```

运行结果如下，数据中没有空值与重复值。

```
user_id          0
item_id          0
item_category    0
behavior_type    0
time             0
dtype:int64
0
```

2. 列索引重命名

```
dt.columns =['用户 ID','商品 ID','商品类目 ID','行为类型','时间戳']
dt.columns
```

运行结果如下：

```
Index(['用户 ID','商品 ID','商品类目 ID','行为类型','时间戳'], dtype ='object')
```

3. 日期时间数据处理

（1）将时间戳转换成时间格式。

```
#　将时间戳转换成时间格式
dt['时间格式'] = dt['时间戳'].apply(
```

```
lambda x:time.strftime('%Y-%m-%d %H:%M:%S',time.localtime(x)))
dt.head()
```

运行结果如图 12-2 所示。

	用户ID	商品ID	商品类目ID	行为类型	时间戳	时间格式
0	1000001	1649625	4145813	pv	1650040929	2022-04-16 00:42:09
1	1000001	250452	4145813	pv	1650042582	2022-04-16 01:09:42
2	1000001	1649625	4145813	pv	1650042711	2022-04-16 01:11:51
3	1000001	3093290	4145813	pv	1650077788	2022-04-16 10:56:28
4	1000001	4343896	4756105	pv	1650121700	2022-04-16 23:08:20

图 12-2　将时间戳转换成时间格式

（2）新增"日期""时间"列。

```
# 将日期与时间分成两列
dt['日期'] = dt['时间格式'].apply(lambda x:x. split(' ')[0])
dt['时间'] = dt['时间格式'].apply(lambda x:x. split(' ')[1])
dt.head()
```

运行结果如图 12-3 所示。

	用户ID	商品ID	商品类目ID	行为类型	时间戳	时间格式	日期	时间
0	1000001	1649625	4145813	pv	1650040929	2022-04-16 00:42:09	2022-04-16	00:42:09
1	1000001	250452	4145813	pv	1650042582	2022-04-16 01:09:42	2022-04-16	01:09:42
2	1000001	1649625	4145813	pv	1650042711	2022-04-16 01:11:51	2022-04-16	01:11:51
3	1000001	3093290	4145813	pv	1650077788	2022-04-16 10:56:28	2022-04-16	10:56:28
4	1000001	4343896	4756105	pv	1650121700	2022-04-16 23:08:20	2022-04-16	23:08:20

图 12-3　新增"日期""时间"列

（3）新增"小时"列并删除"时间戳"列。

```
dt['小时'] = pd.to_datetime(dt['时间']).dt.hour
dt = dt.drop('时间戳',axis = 1)
dt.head()
```

运行结果如图 12-4 所示。

	用户ID	商品ID	商品类目ID	行为类型	时间格式	日期	时间	小时
0	1000001	1649625	4145813	pv	2022-04-16 00:42:09	2022-04-16	00:42:09	0
1	1000001	250452	4145813	pv	2022-04-16 01:09:42	2022-04-16	01:09:42	1
2	1000001	1649625	4145813	pv	2022-04-16 01:11:51	2022-04-16	01:11:51	1
3	1000001	3093290	4145813	pv	2022-04-16 10:56:28	2022-04-16	10:56:28	10
4	1000001	4343896	4756105	pv	2022-04-16 23:08:20	2022-04-16	23:08:20	23

图 12-4　新增"小时"列并删除"时间戳"列

（4）更改数据类型。

```
dt["用户 ID"] = dt["用户 ID"].astype("object")
dt["商品 ID"] = dt["商品 ID"].astype("object")
dt["商品类目 ID"] = dt["商品类目 ID"].astype("object")
dt.info()
```

运行结果如下：

```
<class 'pandas.core.frame.DataFrame'>
RangeIndex:1047830 entries, 0 to 1047829
Data columns (total 8 columns):
 #   Column      Non-Null Count       Dtype
---  ------      --------------       -----
 0   用户 ID      1047830 non-null    object
 1   商品 ID      1047830 non-null    object
 2   商品类目 ID   1047830 non-null    object
 3   行为类型      1047830 non-null    object
 4   时间格式      1047830 non-null    object
 5   日期         1047830 non-null    object
 6   时间         1047830 non-null    object
 7   小时         1047830 non-null    int64
dtypes:int64(1), object(7)
memory usage:64.0+MB
```

（5）异常值处理。

```
dt.sort_values(by = "日期", ascending = True, inplace = True)
dt.reset_index(drop = True, inplace = True)
dt.describe(include = "all")
```

运行结果如图 12-5 所示。

	用户ID	商品ID	商品类目ID	行为类型	时间格式	日期	时间	小时
count	1047830.0	1047830.0	1047830.0	1047830	1047830	1047830	1047830	1.047830e+06
unique	10199.0	412119.0	5856.0	4	508693	9	84053	NaN
top	115477.0	812879.0	4756105.0	pv	2022-04-20 17:21:04	2022-04-20	22:17:29	NaN
freq	781.0	319.0	54526.0	939329	27	144393	45	NaN
mean	NaN	NaN	NaN	NaN	NaN	NaN	NaN	1.489993e+01
std	NaN	NaN	NaN	NaN	NaN	NaN	NaN	6.111951e+00
min	NaN	NaN	NaN	NaN	NaN	NaN	NaN	0.000000e+00
25%	NaN	NaN	NaN	NaN	NaN	NaN	NaN	1.100000e+01
50%	NaN	NaN	NaN	NaN	NaN	NaN	NaN	1.600000e+01
75%	NaN	NaN	NaN	NaN	NaN	NaN	NaN	2.000000e+01
max	NaN	NaN	NaN	NaN	NaN	NaN	NaN	2.300000e+01

图 12-5　异常值处理

六、数据分析

1. 查询用户总量

```
# 用户总量
totle_num = dt["用户 ID"].drop_duplicates().count()
totle_num
```

运行结果如下：

```
10199
```

2. 日访问分析

（1）日 PV：记录每天用户访问次数。

```
# 日 PV：记录每天用户访问次数
pv_d = dt.groupby("日期")["用户 ID"].count()
pv_d.name = "pv_d"
pv_d
```

运行结果如下：

```
日期
2022 - 04 - 13    109298
2022 - 04 - 14    111957
2022 - 04 - 15    102574
```

```
2022 - 04 - 16        103844
2022 - 04 - 17        107049
2022 - 04 - 18        110740
2022 - 04 - 19        114345
2022 - 04 - 20        144393
2022 - 04 - 21        143630
Name:pv_d, dtype:int64
```

（2）日 UV:记录每日上线的用户数。

```
#    日 UV:记录每日上线的用户数
uv_d = dt.groupby('日期')["用户 ID"].apply(
    lambda x:x.drop_duplicates().count())
uv_d.name = "uv_d"
uv_d
```

运行结果如下:

```
日期
2022 - 04 - 13        7297
2022 - 04 - 14        7469
2022 - 04 - 15        7356
2022 - 04 - 16        7353
2022 - 04 - 17        7468
2022 - 04 - 18        7573
2022 - 04 - 19        7620
2022 - 04 - 20        10016
2022 - 04 - 21        10013
Name:uv_d, dtype:int64
```

（3）合并 uv_d 与 pv_d。

```
#    合并 uv_d 与 pv_d
pv_uv_d = pd.concat([pv_d, uv_d], axis = 1)
pv_uv_d
```

运行结果如图 12-6 所示。

日期	pv_d	uv_d
2022-04-13	109298	7297
2022-04-14	111957	7469
2022-04-15	102574	7356
2022-04-16	103844	7353
2022-04-17	107049	7468
2022-04-18	110740	7573
2022-04-19	114345	7620
2022-04-20	144393	10016
2022-04-21	143630	10013

图 12-6 合并 uv_d 与 pv_d

（4）uv_d 与 pv_d 可视化。

```
plt.rcParams["font.family"] = "SimHei"
plt.figure(figsize = (12, 6),dpi = 100)
plt.subplot(211)
plt.plot(pv_d,c = "m",label = "PV")
plt.legend()
plt.subplot(212)
plt.plot(uv_d, c = "c",label = "UV")
plt.legend()
plt.suptitle("PV 与 UV 变化趋势", size = 25)
plt.show()
```

运行结果如图 12-7 所示。

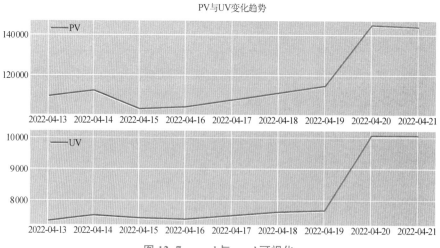

图 12-7 uv_d 与 pv_d 可视化

3. 小时访问分析

(1) pv_h 记录每天中各小时访问次数。

```
#  pv_h记录每天中各小时访问次数
pv_h = dt.groupby(["日期","小时"])["用户 ID"].count()
pv_h.name = "pv_h"
pv_h
```

运行结果如下：

日期	小时	
2022 - 04 - 13	0	3763
	1	1723
	2	853
	3	629
	4	450
	...	
2022 - 04 - 21	19	8619
	20	9937
	21	12126
	22	11618
	23	8511

Name:pv_h, Length:216, dtype:int64

(2) uv_h 记录每天中各小时访问用户数。

```
#  uv_h记录每天中各小时访问用户数
uv_h = dt.groupby(["日期","小时"])["用户 ID"].apply(
    lambda x:x.drop_duplicates().count())
uv_h.name = "uv_h"
uv_h
```

运行结果如下：

日期	小时	
2022 - 04 - 13	0	592
	1	266
	2	150
	3	89
	4	77
	...	

```
2022 - 04 - 21    19       1601
                  20       1729
                  21       1955
                  22       1730
                  23       1235
Name：uv_h, Length：216, dtype：int64
```

（3）合并 uv_h 与 pv_h。

```
#   合并 uv_h 与 pv_h
pv_uv_h = pd.concat([pv_h, uv_h], axis = 1)
pv_uv_h
```

运行结果如图 12-8 所示。

日期	小时	pv_h	uv_h
2022-04-13	**0**	3763	592
	1	1723	266
	2	853	150
	3	629	89
	4	450	77
...	...	...	...
2022-04-21	**19**	8619	1601
	20	9937	1729
	21	12126	1955
	22	11618	1730
	23	8511	1235

216 rows × 2 columns

图 12-8　合并 uv_h 与 pv_h

（4）对"2022-04-18"的 PV 与 UV 变化趋势进行可视化。

```
plt.figure(figsize = (12, 6),dpi = 100)
plt.subplot(211)
plt.plot(pv_h. loc["2022 - 04 - 18"].values.tolist(), lw = 3, label = "每小时访问量")
plt.xticks(range(0, 24))
plt.legend(loc = 2)
plt.subplot(212)
plt.plot(uv_h.loc["2022 - 04 - 18"].values.tolist(), c = "c", lw = 3, label = "每小时访问客户数")
plt.suptitle("PV 与 UV 变化趋势", size = 22)
plt.xticks(range(0, 24))
```

```
plt.legend(loc = 2)
plt.show()
```

运行结果如图 12-9 所示,可以看出 PV 与 UV 呈相同的变化趋势,当天的 0～4 时呈下降趋势,5～10 时逐渐增长,21 时达到峰值,18～23 时为淘宝 App 用户活跃时间段。

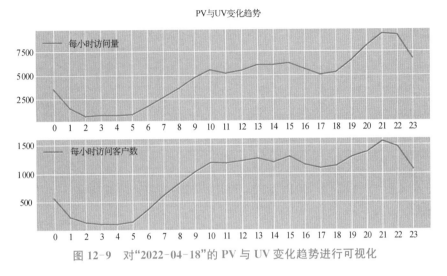

图 12-9　对"2022-04-18"的 PV 与 UV 变化趋势进行可视化

4. 不同行为类型用户 PV 分析

(1)计算不同行为的用户每小时的访问量。

```
d_pv_h = pd.pivot_table(columns = "行为类型",
                        index = ["小时"],
                        data = dt,
                        values = "用户 ID",
                        aggfunc = np.size)
d_pv_h.columns = ["支付","加购物车","收藏","点击"]
d_pv_h.head(9)
```

运行结果如图 12-10 所示。

小时	支付	加购物车	收藏	点击
0	598	1916	1008	31648
1	248	933	458	14500
2	152	530	272	8305
3	65	389	184	5813
4	91	270	170	5146
5	79	395	226	6314
6	176	887	536	12704
7	408	1551	720	23393
8	677	1953	1015	31717

图 12-10　不同行为的用户每小时的访问量

（2）不同行为波动可视化。

```
plt.figure(figsize = (12, 6),dpi = 100)
plt.subplot(211)
plt.plot(d_pv_h.iloc[:, :3], lw = 3)
plt.xticks(range(0, 24))
plt.legend(["支付","加购物车","收藏"])
plt.subplot(212)
plt.plot(d_pv_h.iloc[:, 3], c = "c", lw = 3)
plt.suptitle("4 种用户行为变化趋势", size = 22)
plt.xticks(range(0, 24))
plt.legend(["点击"])
plt.show()
```

运行结果如图 12-11 所示，可以发现 4 种用户行为的波动情况基本一致，加购物车的数量高于收藏数。

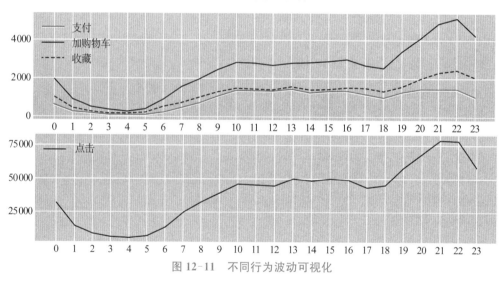

图 12-11　不同行为波动可视化

（3）计算各类行为间的流失率。

```
#　计算各类行为间的流失率
d_pv_h["点-收流失率"] = (d_pv_h.iloc[:,3]-d_pv_h.iloc[:,2])/d_pv_h.iloc[:,3]
d_pv_h["点-加流失率"] = (d_pv_h.iloc[:,3]-d_pv_h.iloc[:,1])/d_pv_h.iloc[:,3]
d_pv_h["收-支流失率"] = (d_pv_h.iloc[:,2]-d_pv_h.iloc[:,0])/d_pv_h.iloc[:,2]
d_pv_h["加-支流失率"] = (d_pv_h.iloc[:,1]-d_pv_h.iloc[:,0])/d_pv_h.iloc[:,1]
d_pv_h.head(8)
```

运行结果如图 12-12 所示。

小时	支付	加购物车	收藏	点击	点-收流失率	点-加流失率	收-支流失率	加-支流失率
0	598	1916	1008	31648	0.968150	0.939459	0.406746	0.687891
1	248	933	458	14500	0.968414	0.935655	0.458515	0.734191
2	152	530	272	8305	0.967249	0.936183	0.441176	0.713208
3	65	389	184	5813	0.968347	0.933081	0.646739	0.832905
4	91	270	170	5146	0.966965	0.947532	0.464706	0.662963
5	79	395	226	6314	0.964207	0.937441	0.650442	0.800000
6	176	887	536	12704	0.957809	0.930179	0.671642	0.801578
7	408	1551	720	23393	0.969222	0.933698	0.433333	0.736944

图 12-12　各类行为间的流失率

（4）流失率可视化。

```
plt.figure(figsize = (10, 6),dpi = 100)
plt.subplot(211)
plt.plot(d_pv_h.iloc[:, 4:6], lw = 3)
plt.xticks(range(0, 24))
plt.legend(["点击-收藏流失率","点击-加购物车流失率"])
plt.subplot(212)
plt.plot(d_pv_h.iloc[:,6:], lw = 3)
plt.xticks(range(0, 24))
plt.legend(["收藏-支付流失率","加购物车-支付流失率"])
plt.show()
```

运行结果如图 12-13 所示，可以发现，点击-加购物车和点击-收藏行为间的流失率基本稳定在 94%～97% 左右，9～17 时期间收藏-支付的流失率较低。

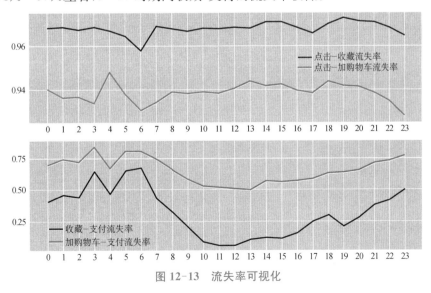

图 12-13　流失率可视化

5. 消费行为分析

（1）获取有支付行为的客户信息。

dt_buy = dt[dt["行为类型"] = = "buy"]
dt_buy.head()

运行结果如图 12-14 所示。

	用户ID	商品ID	商品类目ID	行为类型	时间格式	日期	时间	小时
18	1016977	2731458	3738615	buy	2022-04-13 22:50:27	2022-04-13	22:50:27	22
23	1016977	3022779	3738615	buy	2022-04-13 22:05:18	2022-04-13	22:05:18	22
214	1003221	1262519	1349561	buy	2022-04-13 14:22:21	2022-04-13	14:22:21	14
404	125038	852932	1286537	buy	2022-04-13 23:34:37	2022-04-13	23:34:37	23
406	1016977	2731458	3738615	buy	2022-04-13 23:22:14	2022-04-13	23:22:14	23

图 12-14　获取有支付行为的客户信息

（2）获取客户消费次数。

buy_c = dt_buy.groupby("用户 ID").size()
buy_c

运行结果如下：

用户 ID
117　　　　10
119　　　　3
121　　　　1
122　　　　3
1035　　　　1
　　　　　...
1017960　　3
1017965　　1
1017972　　4
1017997　　2
1018011　　1
Length：6999，dtype：int64

（3）对客户消费次数进行统计分析。

#　对客户消费次数进行统计分析

项目十二   Python 大数据分析综合实训

```
buy_c.describe()
```

运行结果如下：

```
count       6999.000000
mean           3.044292
std            3.235941
min            1.000000
25%            1.000000
50%            2.000000
75%            4.000000
max           72.000000
dtype:float64
```

从以上统计可以看出，用户平均购买次数为 3 次，标准差为 3.2，中位数是 2 次，说明用户购买次数大部分都在 3 次左右。

（4）对消费人数进行可视化。

```
#  对消费人数进行可视化
plt.hist(x = buy_c[buy_c.values < = 10], bins = 10)
```

可视化运行结果如图 12-15 所示。从运行结果可以看出，消费人数的数据分布大部分呈现长尾形态，绝大多数用户是 3 次消费客群，用户贡献率主要由少数人群产生，符合二八法则。

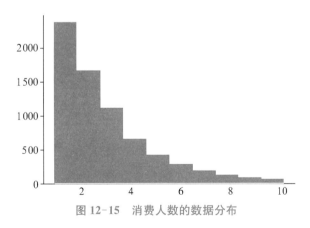

图 12-15 消费人数的数据分布

（5）同一时间段用户消费次数分布。

```
#  新增一列以便记录各行为次数
dt["行为次数"] = 1
```

```
pay_f = dt[dt['行为类型'] = = "buy"].groupby(
    ["用户 ID","日期","小时"])["行为次数"].sum()
print(pay_f.describe())
print(pay_f.mode())
```

运行结果如下：

```
count    16858.000000
mean         1.263910
std          0.843825
min          1.000000
25%          1.000000
50%          1.000000
75%          1.000000
max         27.000000
Name:行为次数,dtype:float64
0    1
dtype:int64
```

从结果可以看出，在同一小时段中，用户消费次数频率最高的为一次。

（6）复购情况分析。查看复购情况，复购情况是指有两天及以上购买行为（一天多次购买算作一次）的情况。

```
#  每个用户在不同日期购买总次数
dt_rebuy = dt[dt['行为类型'] = = "buy"].groupby("用户 ID")["日期"].apply(
    lambda x:len(x.unique())).rename("复购次数")
dt_rebuy
```

运行结果如下：

```
用户 ID
117         4
119         2
121         1
122         3
1035        1
         ...
1017960     3
1017965     1
1017972     2
```

```
1017997     2
1018011     1
Name:复购次数,Length:6999,dtype:int64
```

计算复购率,公式如下:

$$复购率＝有复购行为的用户数÷有购买行为的用户数$$

```
print("复购率为:%.3f"%(dt_rebuy[dt_rebuy>=2].count()/dt_rebuy.count()))
```

运行结果如下:

```
复购率为:0.554
```

七、结论与建议

本任务收集了电商用户在 9 天内产生的 104 万条行为记录,根据数据集内容的特征,从流量指标、用户类指标、用户行为、用户价值几个方面进行分析,以下为分析的结论和建议:

(1)在用户行为分析中发现,用户使用 App 有一定的时间规律,四种用户行为变化趋势基本一致,加入购物车这一用户行为的访问量高于收藏与支付的访问量。而一天中,18~23时是用户活跃的高峰期,可将运营活动重点放在这一时间段,这样可以触及更多的活跃用户,活动效果会比较好。

(2)在点击-加购物车和点击-收藏行为间的流失率基本稳定在94%~97%,9~17时期间从收藏-支付的流失率较低。使用收藏和加购物车的用户群支付转化率会明显高于不使用这两个功能的用户群,建议可以通过 A/B 测试,让用户更加便捷地使用收藏和加购物车功能。

(3)消费人数的数据分布呈现长尾形态,用户贡献率主要由少数人群产生,符合二八法则。用户平均购买次数为 3 次,标准差 3.2 次,中位数是 2 次,说明用户购买次数大部分都在 3 次左右,可以适当给予折扣或捆绑销售来增加用户的购买频率。对于低转化率、高曝光率的商品,建议更换展位或调整推荐算法,优化展示效果,提高用户的购买体验,进而提高转化率;对于高转化率、低曝光率的商品,建议优化曝光渠道,积极引流。

(4)用户类指标分析主要分析了用户购买次数、购买次数分布和复购率。通过复购率分析发现,复购率高的客户对商家的忠诚度也高,因此可将经营的重心放在提高客户忠诚度上,鼓励回头客更加频繁地消费。

任务二　学生校园消费行为大数据分析

一、数据背景

校园一卡通是集身份认证、金融消费、数据共享等多项功能于一体的信息集成系统。在为师生提供优质、高效信息化服务的同时,系统自身也积累了大量的历史记录,其中蕴含着学生的消费行为及学校食堂等各部门的运行状况等信息。

本任务将对某高校校园一卡通系统一个月的运行数据进行大数据分析,分析学生在校园内的学习生活行为,针对特困生的温饱问题进行精准援助,为改进学校服务并为相关部门的决策提供信息支持。

二、分析目标

(1) 分析学生的消费行为和食堂的运营状况,为食堂运营提供建议。

(2) 构建学生消费细分情况,为学校判定学生的经济状况提供参考意见。

三、数据说明

以某高校 2022 年 11 月 1 日至 30 日的校园一卡通数据为例。

四、数据整理

(1) 打开"2022.11 流水. xlsx",理解字段含义。

```
import pandas as pd
import matplotlib.pyplot as plt

df = pd.read_excel(r"D:/数据/2022.11 流水.xlsx")
df.head()
```

运行结果如图 12-16 所示。

	账号	对方账号名	流水号	交易额	卡内余额	账户余额	用卡次数	消费类型	餐次	POS号	发生时间	专业
0	10924	开水房商户	1152449	0.20	59.69	59.69	1311	500	3	1227	2022-11-02 23:49:19	工程造价
1	194	开水炉商户	1152448	0.09	24.48	24.48	1579	500	3	103	2022-11-02 23:48:16	电子信息 (3+2)
2	12115	开水炉商户	1152447	0.20	62.70	62.70	222	500	3	598	2022-11-02 23:41:53	会计
3	1381	开水房商户	1152446	0.03	91.86	91.86	1566	500	3	1227	2022-11-02 23:39:08	网络与物联网
4	9184	开水炉商户	1152445	0.20	0.16	0.16	110	500	3	599	2022-11-02 23:39:02	软件

图 12-16 "2022.11 流水. xlsx"内容

```
df.shape
```

运行结果如下：

```
(791760，12)
```

（2）重命名列。

```
df.columns = ['校园卡号', '消费地点', '流水号', '消费金额', '卡内余额',
              '账户余额', '刷卡次数', '消费类型', '餐次', 'POS 号', '消费时间', '专业']
df.dtypes
```

运行结果如下：

```
校园卡号        int64
消费地点        object
流水号         int64
消费金额        float64
卡内余额        float64
账户余额        float64
刷卡次数        int64
消费类型        object
餐次          int64
POS 号       int64
消费时间        object
专业          object
dtype:object
```

（3）对 df 中消费时间数据进行时间格式转换，coerce 表示将无效解析设置为 NaT。

```
df.loc[:,'消费时间'] = pd.to_datetime(df.loc[:,'消费时间'],
                        format = '%Y/%m/%d %H:%M',errors
                        ='coerce')
df.head(3)['消费时间']
```

运行结果如下：

```
0   2022-11-02 23:49:19
1   2022-11-02 23:48:16
2   2022-11-02 23:41:53
Name:消费时间,dtype:datetime64[ns]
```

（4）检查 df 每列缺失值的占比。

```
df.apply(lambda x :sum(x. isnull())/len(x), axis = 0)
```

运行结果如下：

```
校园卡号      0.000000
消费地点      0.000000
流水号       0.000000
消费金额      0.000005
卡内余额      0.000000
账户余额      0.000000
刷卡次数      0.000000
消费类型      0.000000
餐次        0.000000
POS 号      0.000000
消费时间      0.000000
专业        0.000000
dtype:float64
```

（5）统计各消费地点出现的频次。

```
df['消费地点'].value_counts(dropna = False).head(10)
```

运行结果如下：

```
教育超市        271665
南食堂         240532
北食堂         149194
大浴室商户       71994
开水炉商户       39474
开水房商户       18444
医务室药费        198
学生书杂费        107
后勤维修收费        69
艺电机房收费        69
Name:消费地点, dtype:int64
```

（6）统计 df 中消费金额、账户余额、刷卡次数信息。

```
df[['消费金额','账户余额','刷卡次数']].describe().T[['mean','50 %','min','max']]
```

运行结果如图 12-17 所示。

	mean	50%	min	max
消费金额	7.566591	6.60	0.01	504.56
账户余额	54.406631	33.63	0.00	1671.73
刷卡次数	588.728010	355.00	3.00	4171.00

图 12-17　**df** 中消费金额、账户余额、刷卡次数信息

五、数据分析

（1）食堂就餐行为分析,绘制各食堂就餐人次的占比饼图,分析学生就餐地点是否有显著差别。

```
import matplotlib as mpl
import matplotlib.pyplot as plt
% matplotlib inline
#  提高分辨率
% config InlineBackend. figure_format ='retina'
import warnings
warnings. filterwarnings(' ignore')
plt. rcParams. update({"font. size":15})
plt. style. use("seaborn - darkgrid")


canteen1 = df['消费地点']. apply(str). str. contains('南食堂'). sum()
canteen2 = df['消费地点']. apply(str). str. contains('北食堂'). sum()
#  绘制饼图
canteen_name =['南食堂','北食堂']
man_count =[canteen1,canteen2]
#  创建画布
plt. figure(figsize =(10, 6), dpi = 100)
plt. pie(man_count, labels = canteen_name, autopct ='%1. 2f % %', shadow = False,
startangle = 90)


plt. rcParams['font. sans - serif'] =['KaiTi']     #  指定默认字体
#  添加标题
plt. title("食堂就餐人次占比饼图")
#  饼图保持圆形
plt. axis('equal')
```

```
#  显示图像
plt.show()
```

运行结果如图 12-18 所示。

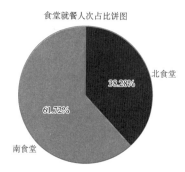

食堂就餐人次占比饼图

图 12-18　食堂就餐人次占比饼图

（2）通过食堂刷卡记录，分别绘制工作日和非工作日食堂就餐时间曲线图，分析食堂早中晚餐的就餐峰值。

```
#  创建一个"消费星期"列，根据消费时间计算消费时间是星期几，1 为星期一，7 为星
   期日
df['消费星期'] = df['消费时间'].dt.dayofweek + 1
df.head()
```

运行结果如图 12-19 所示。

	校园卡号	消费地点	流水号	消费金额	卡内余额	账户余额	刷卡次数	消费类型	餐次	POS号	消费时间	专业	消费星期
0	10924	开水房商户	1152449	0.20	59.69	59.69	1311	500	3	1227	2022-11-02 23:49:19	工程造价	3
1	194	开水炉商户	1152448	0.09	24.48	24.48	1579	500	3	103	2022-11-02 23:48:16	电子信息(3+2)	3
2	12115	开水炉商户	1152447	0.20	62.70	62.70	222	500	3	598	2022-11-02 23:41:53	会计	3
3	1381	开水房商户	1152446	0.03	91.86	91.86	1566	500	3	1227	2022-11-02 23:39:08	网络与物联网	3
4	9184	开水炉商	1152445	0.20	0.16	0.16	110	500	3	599	2022-11-02 23:39:02	软件	3

图 12-19　创建一个"消费星期"列

（3）绘制工作日消费曲线图。

```python
#  以星期一至星期五作为工作日,星期六、星期日作为非工作日,拆分为两组数据
work_day_data = df.loc[df.loc[:,'消费星期'] <= 5,:]
unwork_day_data = df.loc[df.loc[:,'消费星期'] > 5,:]
#  计算工作日消费时间对应的各时间的消费次数
work_day_times = []
for i in range(24):
    j = work_day_data['消费时间'].apply(str).str.contains('{:02d}:'.format(i)).sum()
    work_day_times.append(j)
#  以时间段作为 x 轴,同一时间段出现的次数和作为 y 轴,作曲线图
x = []
for i in range(24):
    x.append('{:02d}'.format(i))


    #  绘图
plt.figure(figsize = (8,4),dpi = 100)
plt.plot(x, work_day_times, label ='工作日')
#  x 轴,y 轴标签
plt.xlabel('时间')
plt.ylabel('次数')
#  标题
plt.title('工作日消费曲线图')
#  x 轴倾斜 60 度
plt.xticks(rotation = 60)
#  显示 label
plt.legend()
#  加网格
plt.grid()
```

运行结果如图 12-20 所示。

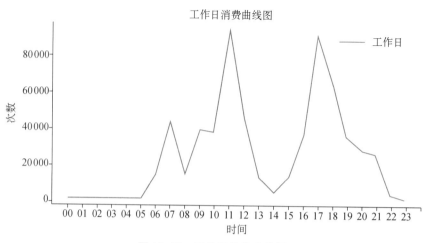

图 12-20　工作日消费曲线图

（4）绘制非工作日消费曲线图。

```
#　计算非工作日消费时间对应的各时间的消费次数
unwork_day_times = []
for i in range(24):
    j = unwork_day_data['消费时间'].apply(str).str.contains('{:02d}:'.format(i)).sum()
    unwork_day_times.append(j)
#　以时间段作为 x 轴,同一时间段出现的次数和作为 y 轴,作曲线图
x = []
for i in range(24):
    x.append('{:02d}'.format(i))
plt.figure(figsize = (8,4),dpi = 100)
plt.plot(x, unwork_day_times, label = '非工作日')
plt.xlabel('时间')
plt.ylabel('次数')
plt.title('非工作日消费曲线图')
plt.xticks(rotation = 60)
plt.legend()
plt.grid()
```

运行结果如图 12-21 所示。

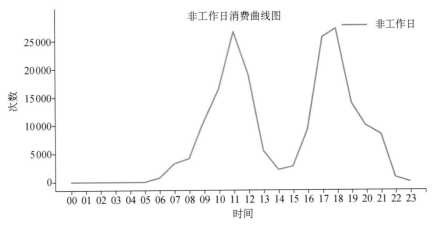

图 12-21　非工作日消费曲线图

（5）根据学生的整体校园消费数据，计算本月人均刷卡频次。

```
#　计算人均刷卡频次（总刷卡次数/学生总人数）
cost_count = df['消费时间'].count()
student_count = df['校园卡号'].value_counts(dropna = False).count()
average_cost_count = int(round(cost_count / student_count))
print("学生总人数为：%d　人均刷卡频次为：%d"%(student_count,average_cost_
count))
```

运行结果如下：

学生总人数为：8413　人均刷卡频次为：94

（6）根据学生的整体校园消费数据，计算本月人均消费额。

```
#　计算人均消费额（总消费金额/学生总人数）
cost_sum = df['消费金额'].sum()
average_cost_money = int(round(cost_sum / student_count))
print("消费总金额为：%d 元　人均消费额为：%d 元"%(cost_sum,average_cost_
money))
```

运行结果如下：

消费总金额为：5990893 元　人均消费额为：712 元

（7）分析学生消费行为。

```
#　获得每个学生的月消费频率
```

```
count = df['校园卡号'].value_counts().to_list()
CardNo = df['校园卡号'].value_counts().index.to_list()
df_count = pd.DataFrame({"月消费频率":count,'校园卡号':CardNo})

#    获得每个学生的消费均值
Mean = df.groupby('校园卡号').mean()['消费金额'].to_list()
cardno = df.groupby('校园卡号').mean()['消费金额'].index.to_list()
df_mean = pd.DataFrame({'消费均值':Mean,'校园卡号':cardno})

#    得到每个学生消费均值,消费频率与学生信息的合并表格
data1 = pd.merge(df_mean,df_count,how = 'outer',on = '校园卡号')
df = pd.merge(df,data1,how = 'right',on = '校园卡号')
df.head()
```

运行结果如图 12-22 所示。

	校园卡号	消费地点	流水号	消费金额	卡内余额	账户余额	刷卡次数	消费类型	餐次	POS号	消费时间	专业	消费星期	消费均值	月消费频率
0	23	南食堂	1315966	15.50	31.86	31.86	675	###	2	19	2022-11-02 17:36:15	空乘	3	5.590962	104
1	23	大浴室商户	1149572	0.74	47.36	47.36	674	500	2	1012	2022-11-02 17:05:24	空乘	3	5.590962	104
2	23	大浴室商户	1149546	2.00	48.10	48.10	673	500	2	1012	2022-11-02 17:01:13	空乘	3	5.590962	104
3	23	教育超市	821212	15.00	50.10	50.10	672	###	1	41	2022-11-02 12:02:25	空乘	3	5.590962	104
4	23	南食堂	1298076	7.50	65.10	65.10	671	###	2	10	2022-11-01 16:11:53	空乘	2	5.590962	104

图 12-22　本月人均刷卡频次和人均消费额

（8）筛选出消费次数最多的 7 个专业。

```
df['专业'].value_counts(dropna = False).head(7)
```

运行结果如下：

```
会计          148428
工程造价       44384
软件          37928
建筑室内设计    35221
视觉传达       26874
金融          23696
物流          20024
Name:专业, dtype:int64
```

（9）分析各专业总消费金额。

```
data_7 = df.groupby('专业').sum()[['消费金额']]
data_7.sort_values(by = ['消费金额'],ascending = False,inplace = True,na_position ='first')
data_7 = data_7.head(7)
data_7
```

运行结果如图 12-23 所示。

专业	消费金额
会计	1043412.78
工程造价	339848.89
软件	283474.41
建筑室内设计	283233.58
视觉传达	211603.10
金融	183779.05
动漫制作	157721.90

图 12-23　各专业总消费金额

（10）统计学生的总消费金额、总消费次数。

```
# 统计学生的总消费金额、总消费次数
data_2 = df.groupby('校园卡号').sum()[['消费金额']]
data_2.columns = ['总消费金额']

data_3 = df.groupby('校园卡号').count()[['消费时间']]
```

```
data_3.columns = ['总消费次数']

data_123 = pd.concat([data_2, data_3], axis = 1)
data_123 = data_123.reset_index()
data_123.head()
```

运行结果如图 12-24 所示。

	校园卡号	总消费金额	总消费次数
0	23	581.46	104
1	31	886.69	85
2	40	912.49	156
3	43	554.45	111
4	44	448.90	54

图 12-24　学生的总消费金额、总消费次数

（11）筛选出消费总额最低的 500 名学生的消费信息。

```
data_500 = df.groupby('校园卡号').sum()[['消费金额']]
data_500.sort_values(by = ['消费金额'], ascending = True, inplace = True, na_
position = 'first')
data_500 = data_500.head(500)
data_500_index = data_500.index.values
data_500 = df[df['校园卡号'].isin(data_500_index)]
data_500.head(5)
```

运行结果如图 12-25 所示。

	校园卡号	消费地点	流水号	消费金额	卡内余额	账户余额	刷卡次数	消费类型	餐次	POS号	消费时间	专业	消费星期	消费均值	月消费频率
963	62	北食堂	1295473	3.90	8.46	8.46	182	502	0	52	2022-11-01 12:04:14	空乘	2	7.131818	11
964	62	南食堂	1292378	19.70	12.36	12.36	181	502	0	25	2022-11-01 11:11:10	空乘	2	7.131818	11
965	62	南食堂	1342780	4.00	4.46	4.46	183	502	1	16	2022-11-06 12:50:47	空乘	7	7.131818	11
966	62	教育超市	824190	10.55	13.91	13.91	185	502	0	79	2022-11-08 17:52:56	空乘	2	7.131818	11
967	62	南食堂	1257629	2.50	4.91	4.91	187	502	2	15	2022-11-23 19:04:48	空乘	3	7.131818	11

图 12-25　消费总额最低的 500 名学生的消费信息

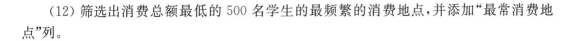

（12）筛选出消费总额最低的 500 名学生的最频繁的消费地点，并添加"最常消费地点"列。

data_500['最常消费地点'] = data_500.groupby('校园卡号')['消费地点'].transform(
                          lambda x:x.value_counts().index[0])

data_500.head(5)

运行结果如图 12-26 所示。

	校园卡号	消费地点	流水号	消费金额	卡内余额	账户余额	刷卡次数	消费类型	餐次	POS号	消费时间	专业	消费星期	消费均值	月消费频率	最常消费地点
963	62	北食堂	1295473	3.90	8.46	8.46	182	502	0	52	2022-11-01 12:04:14	空乘	2	7.131818	11	教育超市
964	62	南食堂	1292378	19.70	12.36	12.36	181	502	0	25	2022-11-01 11:11:10	空乘	2	7.131818	11	教育超市
965	62	南食堂	1342780	4.00	4.46	4.46	183	502	1	16	2022-11-06 12:50:47	空乘	7	7.131818	11	教育超市
966	62	教育超市	824190	10.55	13.91	13.91	185	502	0	79	2022-11-08 17:52:56	空乘	2	7.131818	11	教育超市
967	62	南食堂	1257629	2.50	4.91	4.91	187	502	2	15	2022-11-23 19:04:48	空乘	3	7.131818	11	教育超市

图 12-26　消费总额最低的 500 名学生的最常消费地点

（13）绘制消费总额最低的学生最常消费地点占比图。

data_max_place = data_500['最常消费地点'].value_counts(dropna = False).head(6)
canteen_name = list(data_max_place.index)
man_count = list(data_max_place.values)
plt.figure(figsize = (10, 6), dpi = 100)
plt.pie(man_count, labels = canteen_name, autopct ='%1.2f%%',
        shadow = False,radius = 0.7)
plt.title("低消费学生最常消费地点占比图")

```
plt.axis('equal')
plt.show()
```

运行结果如图 12-27 所示。

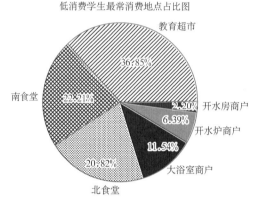

图 12-27 低消费学生最常消费地点占比图

六、结论与建议

（1）学生的就餐地点是有差别的。大部分学生选择在南食堂就餐。

（2）从不同时间的营业高峰，可以看出：

工作日高峰期分别为：

早餐：6:30—7:30

中餐：11:00—12:00

晚餐：17:00—18:30

非工作日高峰期分别为：

早餐：7:00—9:00

中餐：11:00—12:00

晚餐：17:00—18:30

因此，建议食堂在这几个时间段增加工作人员。

（3）根据学生消费行为分析可以发现，人均刷卡频次为 94 次，人均消费额为 712 元，消费次数最多的 3 个专业分别为会计、工程造价、软件。

（4）消费额最低的 500 名学生最常消费地点为教育超市。

任务三　零售业经营销售大数据分析

一、数据背景

近些年来，由于网络的快速普及、网购的兴起及新零售行业的改革与发展，消费者在购买商品时有了更多的对比和选择,这使得传统的零售业面临着巨大的冲击和挑战,也迫使零售业必须转变经营理念,找准自身定位。零售业在经营和管理中会产生大量的数据,对这些数据进行分析,可以了解自身的优缺点,为管理者提供盈利性分析,为运营部门提供产品分析,为销售部门提供客户分析。

二、分析目标

对一家连锁母婴店 2023 年的销售数据进行分析:
(1)整体运营情况分析。
(2)区域销售情况分析。
(3)商品结构、品牌等情况分析。
(4)预算完成情况及奖金计算。

三、数据整理

1. 对"2023 年商品销售汇总.csv"进行预处理
(1)打开"2023 年商品销售汇总.csv",查看数据结构。

```
# 加载数据分析需要使用的库
import numpy as np
import pandas as pd
import matplotlib.pyplot as plt
import datetime as dt
import warnings

plt.rcParams['font.sans-serif'] = ['SimHei']
warnings.filterwarnings('ignore')
df = pd.read_csv(r"d:\数据\2023 年商品销售汇总.csv", sep = ',', encoding = 'gbk')
df.head()
```

运行结果如图 12-28 所示。

	门店ID	产品ID	销售数量	销售净额	大类	品牌	月份
0	NT02	522	1	28.00	[1017]用品	[0200]贝亲	1
1	NT02	1611	2	136.00	[1017]用品	[0200]贝亲	1
2	NT02	2837	4	143.60	[1016]洗涤护理	[0732]屁屁乐	1
3	NT02	7903	1	12.80	[1017]用品	[0983]喜多	1
4	NT02	16885	1	28.81	[1011]营养辅食	[0304]方广	1

图 12-28　"2023 年商品销售汇总.csv"内容

（2）查看数据集大小（行、列信息）。

df.shape

运行结果如下：

(826142，7)

（3）查看数据描述概况。

df.describe()

运行结果如图 12-29 所示。

	产品ID	销售数量	销售净额	月份
count	826142.000000	826142.000000	826142.000000	826142.000000
mean	532669.440516	4.935081	338.157658	6.518037
std	151462.774461	19.940704	1905.689679	3.404806
min	522.000000	-397.000000	-28106.000000	1.000000
25%	491873.000000	1.000000	29.000000	4.000000
50%	603094.000000	1.000000	69.610000	6.000000
75%	626800.000000	3.000000	159.000000	10.000000
max	962831.000000	3212.000000	142961.370000	12.000000

图 12-29　数据描述概况

（4）查看数据类型。

df.dtypes

运行结果如下：

门店 ID　　　object
产品 ID　　　　int64
销售数量　　　　int64
销售净额　　　float64
大类　　　object
品牌　　　object
月份　　　int64
dtype:object

（5）查看缺失值情况。

```
df.isnull().sum(axis = 0)
```

运行结果如下,无缺失值不用处理。

```
门店 ID      0
产品 ID      0
销售数量      0
销售净额      0
大类        0
品牌        0
月份        0
dtype:int64
```

2. "区域划分.xlsx"与"2023 年商品销售汇总.csv"连接

```
df_qy = pd.read_excel(r"d:\数据\区域划分.xlsx")
print(df_qy.head())
df = pd.merge(df,df_qy,on ='门店 ID')
df.head()
```

运行结果如下:

```
门店 ID    区域
0  NT02    CC
1  NT04    CC
2  NT08    CC
3  NT09    CC
4  NT10    TZ
```

运行结果如图 12-30 所示。

四、数据分析

1. 整体销售情况分析

（1）按照月份对销售数据集进行分组求和。

```
sales = df.groupby(['月份']).sum()['销售净额']
print("年度销售额:",df['销售净额'].sum())
sales
```

	门店ID	产品ID	销售数量	销售净额	大类	品牌	月份	区域
0	NT02	522	1	28.00	[1017]用品	[0200]贝亲	1	CC
1	NT02	1611	2	136.00	[1017]用品	[0200]贝亲	1	CC
2	NT02	2837	4	143.60	[1016]洗涤护理	[0732]屁屁乐	1	CC
3	NT02	7903	1	12.80	[1017]用品	[0983]喜多	1	CC
4	NT02	16885	1	28.81	[1011]营养辅食	[0304]方广	1	CC

图 12-30 "区域划分.xlsx"与"2023 年商品销售汇总.csv"连接结果

运行结果如下：

年度销售额:279366243.55999994
月份
1　2.869684e+07
2　2.247379e+07
3　2.515540e+07
4　2.134012e+07
5　2.354092e+07
6　2.258451e+07
7　1.669195e+07
8　2.394072e+07
9　2.068210e+07
10　2.554079e+07
11　2.675242e+07
12　2.196668e+07
Name:销售净额,dtype:float64

（2）对各月销售情况可视化。

```
plt.figure(figsize=(8,4),dpi=150)
plt.plot(sales.index,sales.values,marker='s',color='y')
plt.xlabel('月份')
plt.ylabel('月销售额')
plt.title("各月销售额")
plt.show()
```

运行结果如图 12-31 所示,从图中可分析出 7 月份的销售额偏低。

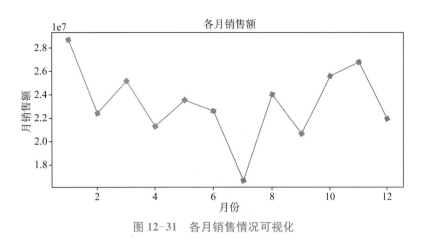

图 12-31　各月销售情况可视化

2. 区域分析

（1）区域销售额占比分析。

```
Market_Sales = df.groupby(['区域']).agg({'销售净额':'sum'}).reset_index()
Market_Sales
```

运行结果如图 12-32 所示。

	区域	销售净额
0	CC	9.695228e+07
1	HA	1.526539e+07
2	HM	3.085333e+06
3	QD	2.085278e+07
4	RD	2.212841e+07
5	RG	5.168395e+07
6	TZ	6.939810e+07

图 12-32　区域销售额占比分析

（2）对区域销售额占比可视化。

```
plt.figure(figsize = (8,4),dpi = 150)
plt.pie(Market_Sales['销售净额'], labels = Market_Sales['区域'], autopct =
'%1.1f%%')
```

```
plt.title("区域销售额占比")
plt.show()
```

运行结果如图 12-33 所示。

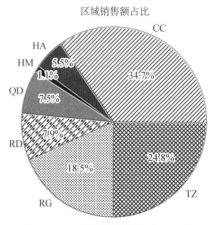

图 12-33　区域销售额占比可视化

（3）区域月度销售情况。

```
df_qyfx = df[['区域','门店 ID','销售净额','月份']]
#　统计每个月,地区销售额
df_qyfx = df_qyfx.pivot_table(index = ['区域'],columns = ['月份'],
                              values = ['销售净额'],aggfunc = ['sum'])
df_qyfx
```

运行结果如图 12-34 所示。

	sum											
	销售净额											
月份	1	2	3	4	5	6	7	8	9	10	11	12
区域												
CC	10262102.29	7289753.52	8645455.12	7059183.64	8194575.50	7983073.71	6022374.03	7974351.71	7789180.66	8672291.03	9193524.07	7866411.21
HA	1580108.18	1290138.06	1280589.18	1184345.16	1277075.84	1206361.91	905510.32	1468982.41	1090030.46	1469364.34	1378689.56	1134198.62
HM	415294.47	389220.07	387640.84	336565.42	421585.52	242219.73	132811.14	132115.87	117423.76	168035.30	171540.36	170880.67
QD	2209115.53	1951641.24	1972555.59	1622610.73	1583455.27	1611851.77	1119105.91	1738836.09	1482112.09	1849507.98	2088684.57	1623302.48
RD	2300477.23	1757061.57	1856946.61	1598767.49	1832778.42	1829118.16	1293741.82	1891521.85	1609147.42	2070582.79	2303685.53	1784578.00
RG	5129111.30	4564856.58	4716457.87	4206368.82	4610002.03	3978768.72	3235838.13	4586252.00	3605951.86	4715801.66	4573222.99	3761320.27
TZ	6800630.15	5231122.74	6295751.03	5332275.62	5621449.33	5733121.00	3982566.76	6148662.29	4988255.38	6595203.42	7043077.24	5625986.55

图 12-34　区域月度销售情况

（4）区域门店销售统计。

```
df_qy = df.groupby(['区域','门店 ID']).sum().reset_index()
```

```
df_qy = df_qy[['区域','门店 ID','销售净额']]
df_qy.head(5)
```

运行结果如图 12-35 所示。

	区域	门店ID	销售净额
0	CC	NT02	1936801.24
1	CC	NT04	1760412.54
2	CC	NT08	498033.00
3	CC	NT09	4986490.35
4	CC	NT11	5004313.49

图 12-35　区域门店销售统计

（5）区域门店分组统计。

```
df_qy = df_qy.groupby('区域').agg({'门店 ID':'count','销售净额':'sum'})
df_qy
```

运行结果如图 12-36 所示。

区域	门店ID	销售净额
CC	13	9.695228e+07
HA	4	1.526539e+07
HM	2	3.085333e+06
QD	4	2.085278e+07
RD	3	2.212841e+07
RG	9	5.168395e+07
TZ	12	6.939810e+07

图 12-36　区域门店分组统计

（6）区域门店及销售额可视化。

```
df_qy = df_qy.reset_index()
df_qy.plot('区域',['销售净额','门店 ID'],secondary_y = ['门店 ID'],linewidth = 2,
marker = 's',
            title = '区域销售额与门店数统计',figsize = (12,7))
```

运行结果如图 12-37 所示,可以发现区域的销售额和门店数量变化趋势基本一致。

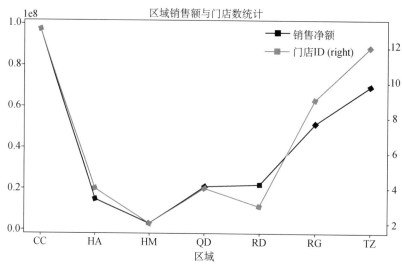

图 12-37　区域门店及销售额可视化

3. 商品大类分析

(1) 统计销售额前 10 名的大类。

```
product = df.groupby('大类').sum()['销售净额'].sort_values(ascending = False)
product.head(10)
```

运行结果如下,可以看出销售额最高的是奶粉、纸尿裤。

大类
[1010]配方奶粉　　　　1.484408e+08
[1012]纸尿裤　　　4.530941e+07
[1018]棉纺品　　　2.849316e+07
[1011]营养辅食　　　　2.463953e+07
[1016]洗涤护理　　　1.079934e+07
[1017]用品　　　8.945792e+06
[1014]玩具　　　6.238666e+06
[1013]湿巾/纸制品　　　　4.752887e+06
[1015]车床大件　　　1.649008e+06
[1088]公司促销品　　　8.969414e+04
Name:销售净额, dtype:float64

(2) 各大类销售排行可视化。

```
plt.figure(figsize = (10,5),dpi = 150)
```

```
product.plot(kind ='barh')
plt.xlabel('大类')
plt.ylabel('销售额')
plt.title("各大类销售排行")
plt.show()
```

运行结果如图 12-38 所示。

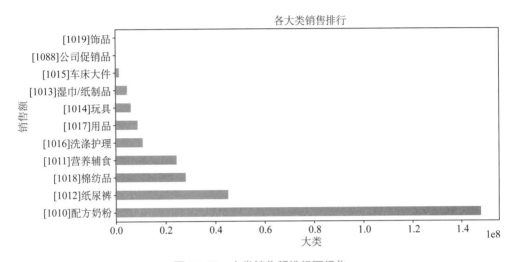

图 12-38　大类销售额排行可视化

（3）大类中"奶粉"品牌排行。

```
df_nf = df[df["大类"] = = "[1010]配方奶粉"]
df_nf = df_nf.groupby(["品牌"])["销售净额"].sum().sort_values(ascending =
False)
df_nf.head(10)
```

运行结果如下：

```
品牌
[2620]爱他美卓萃        17986634.91
[0410]合生元          17642060.35
[3104]佳贝艾特悦白       13667595.32
[2459]菲仕兰皇家美素佳儿   12192260.97
[2002]a2 至初         11180581.03
[3052]惠氏启赋蓝钻       10195743.25
[2472]美赞臣蓝臻         9510583.17
```

[2665]惠氏启赋有机   8003666.52
[1808]雅培菁挚   5383902.69
[2719]惠氏启赋蕴淳   4676468.76
Name:销售净额，dtype:float64

4. 品牌分析

```
brand = df.groupby('品牌').sum()['销售净额'].sort_values(ascending = False)
brand = brand.head(6)
plt.figure(figsize = (8,4),dpi = 150)
y = brand.index
    width = brand.values
plt.barh(y,width,height = 0.4,color = 'g')
plt.title("品牌销售排行")
plt.show()
```

运行结果如图 12-39 所示。

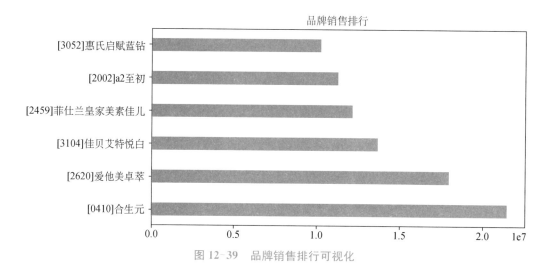

图 12-39　品牌销售排行可视化

5. 门店销售排行

```
#　门店销售前 15 名
df_md = df.groupby('门店 ID')['销售净额'].sum()
df_md_15 = df_md.sort_values(ascending = False).iloc[:15]
plt.figure(figsize = (7,3),dpi = 150)
plt.bar(df_md_15.index,df_md_15.values,width = 0.4,color = 'm')
plt.xlabel("门店 ID")
```

```
plt.ylabel("销售额")
plt.title("销售前15名的门店排行")
plt.show()
```

运行结果如图 12-40 所示。

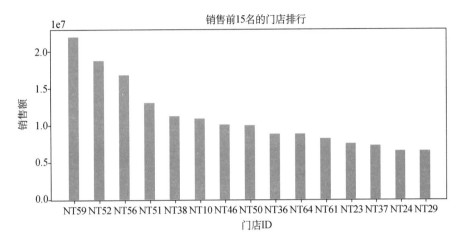

图 12-40　销售前 15 名的门店排行可视化

6. 预算分析

（1）打开"2023 年销售预算.xlsx"。

```
#  打开预算表
df_list = []
for i in range(12)：
    df3 = pd.read_excel(r"D:\数据\2023 年销售预算.xlsx",
                        sheet_name = i)
    df3['月份'] = i + 1
    df_list.append(df3)
df_ys = pd.concat(df_list)
df_ys = df_ys[["门店 ID","收入预算","月份"]].dropna(how = "any")
df_ys
```

运行结果如图 12-41 所示。

	门店ID	收入预算	月份
0	NT02	200000.0	1
1	NT04	250000.0	1
3	NT09	550000.0	1
4	NT10	800000.0	1
5	NT11	550000.0	1
...	...	...	...
42	NT61	700000.0	12
43	NT62	430000.0	12
44	NT63	490000.0	12
45	NT64	810000.0	12
46	NT65	450000.0	12

546 rows × 3 columns

图 12-41 "2023 年销售预算. xlsx"内容

（2）统计各门店全年预算。

```
df_ys1 = df_ys.groupby('门店 ID').sum().reset_index()
df_ys1 = df_ys1[['门店 ID','收入预算']]
df_ys1.head(10)
```

运行结果如图 12-42 所示。

	门店ID	收入预算
0	NT02	2240000.0
1	NT04	2430000.0
2	NT09	6070000.0
3	NT10	9000000.0
4	NT11	5790000.0
5	NT13	4720000.0
6	NT14	5380000.0
7	NT17	2400000.0
8	NT18	3450000.0
9	NT21	3750000.0

图 12-42 统计各门店全年预算

（3）将各门店预算表与门店销售额表合并。

df_md_ys = pd.merge(df_ys1,df_md,how = "outer",on = ["门店 ID"]).dropna()
df_md_ys.head(10)

运行结果如图 12-43 所示。

	门店ID	收入预算	销售净额
0	NT02	2240000.0	1936801.24
1	NT04	2430000.0	1760412.54
2	NT09	6070000.0	4986490.35
3	NT10	9000000.0	11033018.46
4	NT11	5790000.0	5004313.49
5	NT13	4720000.0	4047090.01
6	NT14	5380000.0	4807558.07
7	NT17	2400000.0	1776215.84
8	NT18	3450000.0	2947788.01
9	NT21	3750000.0	2799855.66

图 12-43　各门店预算表与门店销售额表合并

（4）统计各门店预算完成率。

df_md_ys.loc["合计"] = df_md_ys[["收入预算","销售净额"]].apply(sum,axis = 0)
df_md_ys["预算完成率"] = round(df_md_ys["销售净额"]/df_md_ys["收入预算"],4)
df_md_ys.tail()

运行结果如图 12-44 所示。

	门店ID	收入预算	销售净额	预算完成率
42	NT62	5180000.0	4.464568e+06	0.8619
43	NT63	5240000.0	4.867882e+06	0.9290
44	NT64	10700000.0	8.828518e+06	0.8251
45	NT65	4720000.0	4.011592e+06	0.8499
合计	NaN	312920000.0	2.788682e+08	0.8912

图 12-44　各门店预算完成率

（5）对门店预算完成率可视化。

```
plt.figure(figsize = (8,3),dpi = 150)
plt.bar(df_md_ys.loc[:15,'门店 ID'],df_md_ys.loc[:15,"预算完成率"],
        color = 'c',width = 0.3)
plt.xlabel('门店 ID')
plt.ylabel('门店预算完成率')
plt.title("门店预算完成率")
plt.show()
```

运行结果如图 12-45 所示。

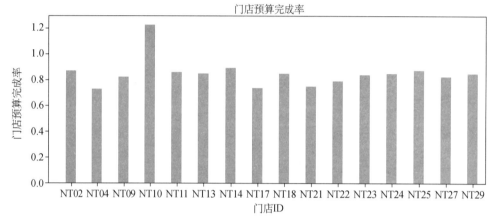

图 12-45　门店预算完成率可视化

（6）创建自定义函数,根据预算完成率的范围设置门店奖励。

```
def jl(x):
    if x>1:
        return 20000
    elif x>0.9:
        return 10000
    elif x>0.8:
        return 5000
    else:
        return 0
```

```
df_md_ys['奖励'] = df_md_ys['预算完成率'].apply(lambda x:jl(x))
df_md_ys.head(6)
```

运行结果如图 12-46 所示。

	门店ID	收入预算	销售净额	预算完成率	奖励
0	NT02	2240000.0	1936801.24	0.8646	5000
1	NT04	2430000.0	1760412.54	0.7244	0
2	NT09	6070000.0	4986490.35	0.8215	5000
3	NT10	9000000.0	11033018.46	1.2259	20000
4	NT11	5790000.0	5004313.49	0.8643	5000
5	NT13	4720000.0	4047090.01	0.8574	5000

图 12-46　门店奖励

（7）统计全年预算完成情况。

```
df_md_ys.loc["合计","奖励"] = df_md_ys["奖励"].sum()
print(df_md_ys.loc["合计"])
```

运行结果如下：

```
门店 ID                  NaN
收入预算          312920000.0
销售净额     278868210.560002
预算完成率             0.8912
奖励                 290000
Name：合计，dtype：object
```

（8）统计各月预算完成率。

```
df_ydys = df_ys.groupby('月份')["收入预算"].sum()
#将各月预算表与各月销售额表合并
df_ydys_fx = pd.merge(df_ydys,sales,how = "outer",on = ["月份"])
#  添加"预算完成率"列
df_ydys_fx["预算完成率"] = round(df_ydys_fx["销售净额"]/df_ydys_fx["收入预算"],4)
df_ydys_fx
```

运行结果如图 12-47 所示。

月份	收入预算	销售净额	预算完成率
1	28560000.0	2.869684e+07	1.0048
2	25120000.0	2.247379e+07	0.8947
3	28610000.0	2.515540e+07	0.8793
4	25060000.0	2.134012e+07	0.8516
5	26930000.0	2.354092e+07	0.8742
6	25790000.0	2.258451e+07	0.8757
7	21510000.0	1.669195e+07	0.7760
8	22920000.0	2.394072e+07	1.0445
9	25250000.0	2.068210e+07	0.8191
10	27710000.0	2.554079e+07	0.9217
11	28290000.0	2.675242e+07	0.9456
12	27170000.0	2.196668e+07	0.8085

图 12-47　各月预算完成率

（9）月度预算完成率可视化。

```
plt.figure(figsize=(6,3),dpi=150)
plt.plot(df_ydys_fx.index,df_ydys_fx["预算完成率"],marker='*')
plt.xlabel('月份')
plt.ylabel('月度预算完成率')
plt.title("各月预算完成率")
plt.show()
```

运行结果如图 12-48 所示。

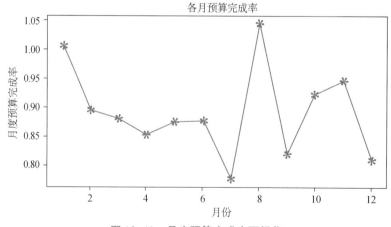

图 12-48　月度预算完成率可视化

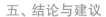

五、结论与建议

（1）7月的销售额偏低,销售最佳的月份是1月。对于旺季的月份,运营推广等策略要继续维持,还可以加大投入,提高整体销售额;对于淡季的月份,可以结合产品特点进行新产品拓展,举办促销等活动吸引客户。

（2）区域的销售额和门店数量变化趋势基本一致。其中,CC、TZ地区销售情况最好,合计超过一半,这与两个地区的门店数量有较大关系。HM地区的销售额较低,公司可以结合整体战略布局调整门店设置。

（3）各大类中销售额最高的是奶粉、纸尿裤。"奶粉"大类中的合生元、爱他美品牌的销售情况最好。

（4）各门店销售排行为NT59、NT52、NT56、NT51,这与门店开设在商业综合体相关。

（5）全年预算完成率为89.12%,1月、8月完成了预算指标。门店预算完成率最好的为NT10。

 拓展阅读

"绿波"畅行,智慧交通

随着互联网时代的高速发展,大数据已经成为各行各业的热词。在交通出行领域,大数据也扮演着重要的角色。

如今,随着城市化水平的提高,城市交通拥堵问题日益凸显,为了缓解交通压力,城市交通管理部门通过大数据收集和分析交通流量、拥堵情况和交通事故等信息,可以实时掌握交通状况,并及时作出相应的调整。主要的调整方案如下:

第一,通过大数据分析结果调整交通信号灯的配时方案,优化"绿波带"策略,使更多的车辆按一定的速度行驶在绿波方向可实现"一路绿灯"。随着越来越多城市的"绿波"路段出现,可以快速疏解车流,提升通勤效率,同时,道路的畅通还会对汽车油耗和环境保护带来帮助。

第二,近年来各地交管部门积极推动利用大数据预测交通拥堵情况,开放信息共享,通过地图导航App主动向通行车辆推送交通流量、拥堵情况、交通事故和交通信号灯等信息,提前引导车辆避开拥堵区域,使得司机获得更好的畅行体验。

知行合一

拓展篇

Python 网络爬虫与数据库基础

项目十三 Python 网络爬虫

知识目标

◎ 了解爬虫的基本概念和原理
◎ 掌握常用的网络请求方法和协议
◎ 了解网页抓取的基本流程和工具
◎ 熟悉爬虫的法律法规和道德规范

能力目标

◎ 能够使用各种工具和库提高爬虫程序的效率和易用性
◎ 能够解决常见的爬虫问题
◎ 能够根据需求进行定制化的爬虫开发,满足特定的数据采集需求
◎ 能够遵守相关的法律法规和道德规范,合法合规地采集和使用数据

素养目标

◎ 具备强烈的学习意愿和自我驱动力,能够主动探索和学习新技术和新方法
◎ 具备高度的责任心和团队合作精神,能够积极沟通和协作解决问题
◎ 具备良好的问题解决能力和分析能力,能够快速定位和解决各种技术难题
◎ 具备强烈的法律意识和风险意识,能够遵守相关法律法规和道德规范

任务一 爬虫简介

一、爬虫概述

1. 爬虫的概念

爬虫(web crawler)即网络爬虫,是一种自动化程序,用于在互联网上抓取和获取信息。这些程序被设计用于访问网站,从网页中抓取数据,并将数据存储或进一步处理,以满足特定的需求。爬虫通常按照一定的规则和策略遍历网页上的链接,以获取更多的数据。爬虫

可以自动从互联网上采集大量数据,并将其转化为结构化的格式,便于进行后续的数据分析、处理和建模,从而减少人力成本。

2. 爬虫的工作流程

(1) 启动 URL(Uniform Resource Locator):爬虫开始工作时的入口或起始网页。

(2) 发送超文本传输协议(HyperText Transfer Protocol,HTTP)请求:爬虫对目标网页发送 HTTP 请求。

(3) 获取响应:服务器响应请求,返回网页内容。

(4) 内容解析:爬虫解析收到的网页内容,从中提取所需的数据。

(5) 保存数据:数据可以保存到数据库、文件或其他存储介质中。

(6) 提取链接:从当前网页提取其他 URL 链接,并将这些链接添加到爬虫的任务队列中。

(7) 循环过程:爬虫继续访问任务队列中的下一个 URL,重复上述过程。

这个过程会继续进行,直到满足某种终止条件(如已经爬取的页面数量、爬取的深度或任务队列为空等)。

3. 爬虫的应用领域

爬虫的应用领域非常广泛,主要包括以下几个方面:

(1) 数据采集和分析:爬虫可以访问网络上的各种资源,并从中获取所需的信息,如文章、图片、视频等。这些信息可以被用来进行数据分析,帮助人们更好地了解某个领域或行业的发展趋势、竞争情况等。例如,可以利用爬虫抓取各类新闻资讯,分析市场行情、政治动态、社会热点等信息,为企业决策提供有价值的参考。

(2) 搜索引擎的建设:搜索引擎需要精准地收集和索引网站的内容,而爬虫正是搜索引擎所用的一个重要技术。通过爬虫技术,可以快速地抓取网站内容,构建搜索引擎索引,使得用户可以方便地搜索到自己所需的信息。

(3) 网站监测和信息安全领域:通过抓取网站数据,可以及时发现网站的漏洞和安全隐患,并及时采取措施进行修复,保护网站的安全性。

(4) 科学研究、社会分析、商业调查等方面:例如,通过抓取社交媒体上用户的言论,可以了解社会舆情和用户行为,以便更好地进行营销或政策制定。

二、爬虫基础

1. HTTP 概述

HTTP 是一种用于分布式、协作式和超媒体信息系统的应用层协议,是万维网的数据通信的基础,在爬虫中扮演着至关重要的角色。它是一种用于从服务器传输超文本到本地浏览器的传输协议,是互联网上应用最为广泛的一种网络协议。它是一种请求/响应协议,客户端发出一个请求(request),服务器响应(response)这个请求并返回。

2. HTTP 的作用

在爬虫中,HTTP 的作用主要体现在以下几个方面:

(1) 请求网页内容:爬虫通过 HTTP 向目标网站发送请求,获取所需的网页内容。HTTP 请求包括 GET、POST 等方式,用于获取或提交数据。

(2) 追踪链接:HTTP 可以帮助爬虫追踪网页中的链接,进而访问目标网站的其他页面。通过发送 HTTP 请求,爬虫可以解析出链接地址,实现深度遍历。

（3）数据提取与处理：爬虫接收到服务器返回的响应后，会解析 HTML 或 XML 等格式的网页内容，提取所需的数据信息。HTTP 为爬虫提供了提取网页数据的基础框架，使得数据提取与处理更加高效便捷。

（4）模拟用户行为：某些网站可能会对访问频率、访问行为等进行限制或封禁，爬虫可以通过 HTTP 协议模拟用户行为，降低访问频率，避免被网站封禁。例如，可以使用 HTTP 的头部信息（headers）模拟用户的浏览器信息、IP 地址等。

（5）实现反爬虫机制：网站可以使用反爬虫机制来限制或阻止爬虫的访问。HTTP 可以帮助爬虫实现反爬虫机制，如通过设置 User-Agent、IP 地址限制等方式来规避反爬虫机制的限制。

3. HTTP 的基本内容

1）请求

请求由客户端发送给服务器，包含以下要素：

（1）请求行（request line）：包含请求方法、请求的 URL 和 HTTP 版本。常见的请求方法包括 GET、POST 等。

（2）请求头部（request headers）：包含附加的请求信息。

2）响应

响应由服务器发送给客户端，包含以下要素：

（1）状态行（status line）：包含 HTTP 版本、状态码和状态消息。

（2）响应头部（response headers）：包含附加的响应信息，如 Content-Type（响应的内容类型）等。

（3）响应体（response body）：包含响应的数据，如 HTML 文档、JSON 数据等。

4. HTTP 头部字段

头部字段是在请求或响应中传递额外信息的方式。常见的头部字段包括：

（1）User-Agent：标识客户端的用户代理信息，如浏览器名称和版本号。

（2）Cookie：在请求头部中传递的用于跟踪会话状态的 Cookie 信息。

5. URL 解析

URL 是用于标识和定位网络资源的地址，如 www. baidu. com。URL 解析是将 URL 分解为不同的组成部分，并提取其中的信息。URL 解析在爬虫中非常重要，可以帮助定位和提取所需的信息。通过解析 URL，可以确定要访问的服务器、资源路径、查询参数等信息，进而提取所需的数据或导航到不同的页面。

6. HTML 文件

一个完整的 HTML 文件包括头部和主体两部分内容，在头部内容里可以定义标题、样式等，而主体内容就是要显示的信息。其一般语法格式如下：

```
<html>
<head>
    <title>Paragraph Example</title>
</head>
```

```
<body>
    <h1>Welcome to My Web Page! </h1>
    <p>This is the first paragraph. </p>
    <p>This is the second paragraph. </p>
    <p>And this is the third paragraph. </p>
</body>
</html>
```

（1）头部内容：<head>和</head>包含的部分为 HTML 文件的头部内容，在浏览器窗口中，头部内容是不会显示在正文中的，在此标签中可以插入其他用以说明文件的标题和一些公共属性的标签。<title>标签定义文档的标题，标签对中第一个标签<title>是开始标签，第二个标签</title>是结束标签。

（2）主体内容：<body>和</body>包含的部分为主体内容，可以放置图片、文字、表格、超链接等元素。

（3）标签：HTML 标签是由<>包围的关键词，标签通常分为单标签和双标签两种，双标签通常成对出现，遵循以下格式：

<标签名>文件内容</标签名>

（4）属性：属性（attribute）是标签的选项，可以在元素中添加附加信息，一般在开始标签内描述，主要用来修饰标签，如颜色、字体、对齐方式、高度和宽度等。

> **随堂练习：**
>
> 查看百度主页源代码。
> 打开百度主页，右击网页空白处，选择"查看网页源代码"。右击网页指定元素，选择"检查"命令，查看该元素在网页源代码中的准确位置。

任务二 爬 虫 库

一、Requests 库

Requests 库是一个用于发送 HTTP 请求的 Python 库。它提供了一种简单而优雅的方式来与 Web 服务进行交互，可以发送各种类型的请求，并处理服务器的响应。使用 Requests 库可以轻松地向指定的 URL 发送请求，并获取响应的内容。它支持 URL 参数、表单数据、JSON 数据、文件上传等多种请求类型，并提供了丰富的方法和选项来处理请求和响应。

Requests 库的安装方法十分简单，在命令提示符界面中输入"pip install requests"即可完成安装。Requests 库常用函数如表 13-1 所示。

表 13-1　　　　　　　　　　　　　　　　Requests 库常用函数

参数	描述
requests.get()	表示发送 GET 请求
requests.post()	表示发送 POST 请求
headers	表示添加或覆盖请求头
requests.session()	表示保持一系列的请求之间的上下文
timeout	表示设置请求的超时时间(单位:秒)

requests.get()函数就是用户向 Web 服务器发出请求,服务器检查请求头后,如果没有问题就会返回 Response 对象信息给用户。函数调用格式如下:

```
r = requests.get(url,headers…)
```

url 参数:目标网址,接收完整的地址字符串,为必选项。

headers 参数:用于设置 HTTP 请求头部信息,包括 User-Agent、Cookie 等。打开浏览器,按快捷键 F12 打开开发者工具,找到小菜单中的 Network 选项,刷新网页后在对应网址的 headers 中可以找到 User-Agent 进行复制。

r 为 requests.get()函数返回的一个 Response 对象。Response 对象包含 Web 服务器返回的所有信息。Response 对象的属性如表 13-2 所示。

表 13-2　　　　　　　　　　　　　　　　Response 对象的属性

属性	描述
r.status_code	HTTP 状态码,200 表示服务器正常响应,404 表示失败
r.text	获取这个对象之中的所有数据并将其转为字符串类型
r.encoding	重新定义 Response 对象的编码格式
r.content	获取响应对象中的内容

【例 13-1】　使用 Requests 库向新华网首页发送 GET 请求。

```python
import requests

url = "http://www.xinhuanet.com/"
headers = {
        'User-Agent ':' Mozilla/5.0 (Windows NT 10.0; Win64; x64) AppleWebKit/
        537.36 (KHTML, like Gecko) Chrome/119.0.0.0 Safari/537.36'}
response = requests.get(url, headers = headers)
if response.status_code = = 200:  # HTTP 状态码,200 说明服务器正常响应,404 表
                                  示失败
    content = response.text   # 获取到这个对象之中的所有数据并将其转为字符串
                              类型
    print(content)            # 输出响应对象中的内容
```

```
else:
    print("Failed to fetch Xinhua homepage content.")
```

运行结果如图 13-1 所示,可以看到代码返回的结果是网页源代码。

```
<html>
<head>
<link href="/favicon.ico" rel="shortcut icon" type="image/x-icon" />
<meta charset="utf-8" /><meta name="publishid" content="11166677.0.9709.0"/>
<meta name="nodeid" content="0"/>
<meta name="nodename" content="" />

<meta name="apple-mobile-web-app-capable" content="yes" />
<meta name="apple-mobile-web-app-status-bar-style" content="black" />
<meta content="telephone=no" name="format-detection" />
<meta http-equiv="X-UA-Compatible" content="IE=edge,chrome=1" />
<script src="http://www.news.cn/global/js/pageCore.js"></script>
<title>新华网_让新闻离你更近</title>
<meta name="keywords" content="新闻中心,时政,人事任免,国际,地方,华人,军事,图片,财经,股权,股票,房产,汽车,体育,
奥运,法治,廉政,社会,科技,互联网,教育,文娱,电视剧,电影,视频,访谈,直播,专题" />
```

注:因网站内容不断更新,运行结果可能不一致。

图 13-1　[例 13-1]运行结果

二、Beautiful Soup 库

Beautiful Soup 4(以下简称 bs4)库是一个用于解析 HTML 和 XML 文档的 Python 库。通过 bs4 库,可以解析 Requests 库请求的网页,并可以将网站源代码解析成 Soup 文档,以便提取所过滤出来的数据。它提供了一种方便的方式来从网页中提取数据,并进行文档的遍历、搜索和修改。

【例 13-2】　使用 Requests 库向新华网首页发送 GET 请求,并将返回的网页内容通过 BeautifulSoup 解析。

```
import requests
from bs4 import BeautifulSoup

url = "http://www.xinhuanet.com/"
headers = {
        'User-Agent':' Mozilla/5.0 (Windows NT 10.0; Win64; x64) AppleWebKit/
        537.36 (KHTML, like Gecko) Chrome/119.0.0.0 Safari/537.36'}
response = requests.get(url, headers = headers)
soup = BeautifulSoup(response.text,'html.parser')   # 对返回的结果进行解析
print(soup.prettify())            # 格式化输出
```

运行结果如图 13-2 所示,解析后的网页源代码按照标准缩进格式进行输出,是结构化的数据,为后期数据的过滤和筛选作准备。

解析得到的 Soup 文档可以使用 find()、find_all()及 select()函数定位需要的元素。一般使用方法如下:

```
<html>
 <head>
  <link href="/favicon.ico" rel="shortcut icon" type="image/x-icon"/>
  <meta charset="utf-8"/>
  <meta content="11166677.0.9709.0" name="publishid"/>
  <meta content="0" name="nodeid"/>
  <meta content="" name="nodename"/>
  <meta content="yes" name="apple-mobile-web-app-capable"/>
  <meta content="black" name="apple-mobile-web-app-status-bar-style"/>
  <meta content="telephone=no" name="format-detection"/>
  <meta content="IE=edge,chrome=1" http-equiv="X-UA-Compatible"/>
  <script src="http://www.news.cn/global/js/pageCore.js">
  </script>
  <title>
   新华网_让新闻离你更近
  </title>
```

注：因网站内容不断更新，运行结果可能不一致。

图 13-2　［例 13-2］运行结果

```
soup.find('script')          #  查找 soup 对象的第一个 script 标签
soup.find_all('script')      #  查找 soup 对象的所有 script 标签
soup.find_all('div',"item")
soup.find_all('div', class = "item")
soup.find_all('div',attrs = {"class":"item"})
soup.select('.document')     #  查找 soup 对象的.document 类,返回 list 类型
```

【例 13-3】　使用 bs4 库解析 HTML 文档,并统计其中的段落数量。

```python
from bs4 import BeautifulSoup
html_doc = """
<!DOCTYPE html>
<html>
<head>
    <title>Paragraph Example</title>
</head>
<body>
    <h1>Welcome to My Web Page! </h1>
    <p>This is the first paragraph.</p>
    <p>This is the second paragraph.</p>
    <p>And this is the third paragraph.</p>
</body>
</html>
"""

#  创建 BeautifulSoup 对象,用于解析 HTML 文档
```

```
soup = BeautifulSoup(html_doc, 'html. parser')
```

```
#  统计段落数量并打印输出
paragraphs = soup. find_all('p')      #  找到所有符合要求的标签
num_paragraphs = len(paragraphs)
print("段落数量:", num_paragraphs)
```

运行结果如下:

段落数量: 3

【例 13-4】 使用 bs4 库解析 HTML 文档,并提取其中所有链接。

```
from bs4 import BeautifulSoup

html_doc = """
<! DOCTYPE html>
<html>
<head>
    <title>Links Example</title>
</head>
<body>
    <h1>Welcome to My Web Page! </h1>
    <p>Here are some links:</p>
    <a href = "https://www. example. com">Example Website</a>
    <a href = "https://www. example. com/page1">Page 1</a>
    <a href = "https://www. example. com/page2">Page 2</a>
</body>
</html>
"""
#  创建 BeautifulSoup 对象,用于解析 HTML 文档
soup = BeautifulSoup(html_doc, 'html. parser')
#  提取所有链接并打印输出
links = soup. find_all('a')
for link in links:
    print(link['href'])
```

运行结果如下:

https://www. example. com
https://www. example. com/page1

https://www.example.com/page2

【例13-5】 爬取豆瓣电影排行榜的数据。

```
import requests
from bs4 import BeautifulSoup

# 发送 GET 请求获取豆瓣电影排行榜页面
url = 'https://movie.douban.com/chart'
headers = {'User-Agent':'Mozilla/5.0'}
response = requests.get(url, headers = headers)
html_content = response.text

# 使用 Beautiful Soup 解析网页内容
soup = BeautifulSoup(html_content, 'html.parser')

# 提取电影信息
movies = soup.select('.pl2')
for movie in movies:
    if movie.select_one('a') and movie.select_one('.rating_nums') is not None:
            title = movie.select_one('a').text.strip()
            rating = movie.select_one('.rating_nums').text.strip()
            print(f'Title:{title}')
            print(f'Rating:{rating}')
            print('---')
```

运行结果如图 13-3 所示。

```
Title: 进击的巨人 最终季 完结篇 后篇
                    / Attack on Titan: The Final Season, The Final Chapters - Part 2
Rating: 9.3
---
Title: 杀手
Rating: 6.6
---
Title: 第八个嫌疑人
                    / 第8个嫌疑人 / Dust To Dust
Rating: 6.1
---
Title: 最后的真相
                    / 隐秘的真相 / Heart's Motive
Rating: 5.9
---
Title: 坠落的审判
                    / 坠楼死亡的剖析 / 一场坠楼的剖析
Rating: 8.5
---
Title: 猜谜女士
                    / 常识女王(台)
Rating: 7.4
---
```
注:因网站内容不断更新,运行结果可能不一致。

图 13-3 [例 13-5]运行结果

三、表格数据采集

网页中的表格型数据信息(在<table>标签中的数据),可以使用 Pandas 库中的 read_html()函数采集。其一般语法格式如下:

```
pandas.read_html(url...)
```

【例 13-6】 抓取新浪财经机构持股汇总数据。

```
import pandas as pd
data = pd.DataFrame()
for i in range(1,10):
    url = r "http://vip.stock.finance.sina.com.cn/q/go.php/vComStockHold/kind/jgcg/
            index.phtml? p = {}".format(i)
    table = pd.read_html(url)[0]      #  分析网页结构,判断抓取表格的下标
    data = pd.concat([data, table])

data.to_excel(r"d:/StockHold.xlsx",index = False)
data.head()
```

运行结果如图 13-4 所示。

	证券代码	证券简称	机构数	机构数变化	持股比例(%)	持股比例增幅(%)	占流通股比例(%)	占流通股比例增幅(%)	明细
0	1207	联科科技	1	0	0.35	0.13	1.09	0.47	+展开明细
1	301211	亨迪药业	1	0	0.12	-0.05	0.51	-0.17	+展开明细
2	688448	磁谷科技	1	-6	1.13	-3.02	2.47	-14.35	+展开明细
3	300401	花园生物	1	-1	1.13	-3.60	1.13	-3.60	+展开明细
4	300421	力星股份	1	-2	0.66	-1.23	0.66	-1.25	+展开明细

注:因网站内容不断更新,运行结果可能不一致。

图 13-4 [例 13-6]运行结果

任务三 爬虫的道德问题和法律问题

1. 爬虫的道德问题

爬虫的道德问题主要涉及数据采集和使用时的伦理和隐私保护问题,主要表现在以下几个方面:

(1)注意隐私保护:在进行数据爬取时,应当注意隐私保护,不得擅自获取用户敏感信

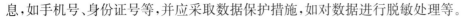

息,如手机号、身份证号等,并应采取数据保护措施,如对数据进行脱敏处理等。

（2）不得干扰网站正常运营:过于频繁的请求会给网站带来很大压力,甚至导致瘫痪。因此,在进行爬取时应注意不要干扰网站正常运营。

（3）不得侵犯版权:在进行数据爬取时,应当尊重版权,不得擅自获取他人创作的内容并进行商业用途。

（4）审慎应用爬虫数据:爬虫数据可以被广泛应用于各行各业,但应用前需要审慎考虑数据来源和可靠性。同时,不得将爬虫数据用于非法用途。

（5）加强安全意识:在进行爬虫开发时,应当注重安全性,加强代码审查、数据保护等措施,避免出现数据泄露等安全问题。

2. 爬虫的法律问题

爬虫的法律问题主要涉及数据采集和使用时的合规性和隐私保护问题,主要表现在以下几个方面:

（1）遵守相关法律法规:在进行网络爬虫开发和数据采集时,应当遵守相关法律法规,如《中华人民共和国网络安全法》《中华人民共和国数据安全法》等。

（2）尊重目标网站的 Robots 协议:Robots 协议是网站与爬虫之间的约定,爬虫应当尊重该协议,避免侵犯目标网站的权益。

（3）不得非法获取数据:在进行网络爬虫开发时,不得非法获取目标网站的数据,即未经授权不得擅自获取目标网站的敏感信息。

（4）注意数据使用合规性:在使用爬虫数据时,应当注意合规性,即不得将爬虫数据用于非法用途,如垃圾邮件、恶意攻击等。

（5）尊重版权和知识产权:在进行网络爬虫开发和数据采集时,应当尊重版权和知识产权,不得踩法律红线。

 拓展阅读

网络爬虫的法律规制

如今,通过网络爬虫访问和收集网站数据的行为已经产生了相当规模的网络流量,但是,有分析表明其中 2/3 的数据抓取行为是恶意的,并且这一比例还在不断上升,恶意机器人可以掠夺资源、削弱竞争对手。恶意机器人往往被滥用于从一个站点抓取内容,然后将该内容发布至另一个站点,而不显示数据源或链接,这一不当手段将帮助非法组织建立虚假网站,产生欺诈风险,以及对知识产权、商业秘密的窃取行为。

在 2019 年 5 月 28 日,国家互联网信息办公室关于《数据安全管理办法（征求意见稿）》（以下简称《征求意见稿》）公开征求意见,这是我国数据安全立法领域的里程碑事件。以法律的形式规范数据收集、存储、处理、共享、利用及销毁等行为,强化对个人信息和重要数据的保护,可维护网络空间主权和国家安全、社会公共利益,保护自然人、法人和其他组织在网络空间的合法权益。以网络爬虫为主要代表的自动化数据收集技术,在提升数据收集效率的同时,如果被不当使用,可能影响网络运营者正常开展业务。故《征求意见稿》第 16 条确立了利用自动化手段（网络爬虫）收集数据不得妨碍他人网站正常运行的原则,并明确了严

重影响网站运行的具体判断标准,这将对规范数据收集行为,保障网络运营者的经营自由和网站安全起到积极的作用。

知行合一

选择题

1. 下列关于爬虫知识说法错误的是( )。

    A. 爬虫是一个获取网页数据,并提取、保存信息的自动化程序

    B. 爬虫工作通常分为三步:获取网页—解析网页—存储数据

    C. 使用爬虫时应遵循 Robots 协议

    D. 爬虫可以随意抓取 Robots 协议中标注 Disallow 的数据

2. 执行以下代码,如果能成功访问网站,终端输出的内容是( )。

```
import requests
url ='https://www.jd.com'
res = requests.get(url)
print(res.status_code)
```

    A. 200   B. 403

    C. 404   D. 500

3. 根据爬虫的工作原理,下列各项中,说法错误的是( )。

    A. 爬虫可以模拟浏览器向服务器发起请求并得到服务器的响应

    B. 爬虫可以解析网页源代码,提取我们想要的数据

    C. 爬虫可以根据我们设定的规则批量提取数据

    D. Requests 库实现的是解析数据

4. 下列各项中,关于 Beautiful Soup 库的说法正确的是( )。

    A. 导入 BeautifulSoup 类的语句为:import   BeautifulSoup

    B. BeautifulSoup(html,'html.parser')用于解析数据

    C. BeautifulSoup(html,'html.parser')返回的结果是一个 Response 对象

    D. BeautifulSoup.find_all()可以查找满足要求的第一个数据

5. 下列代码的功能是获取腾讯新闻网的部分信息,根据代码,下列选项中,描述正确的是( )。

```
import requests
res = requests.get("https://news.qq.com/")
print(res.text)
print(res.status_code)
```

A. request. get（）函数是请求向服务器提交数据

B. res 是一个 Response 对象，res. text 会返回 URL 对应的页面内容

C. 如果运行结果的最后一行是 404，表明服务器正常响应

D. 如果运行结果的最后一行是 200，表明页面不存在

项目十四 **Python 数据库基础**

知识目标

◎ 掌握数据库、数据表的建立方法
◎ 掌握数据查、增、删、改的方法
◎ 掌握 Python 操作数据库的步骤

能力目标

◎ 能够运用 SQL 进行数据的查、增、删、改操作
◎ 能使用 Python 编程实现数据的查、增、删、改操作

素养目标

◎ 培养学生对数据的敏感性
◎ 树立严谨认真、爱岗敬业的工作态度

　　数据库(Database)是存放数据的仓库,数据库中的数据是按照一定的格式存放的,每一个数据库可以存放若干个数据表。数据表就是我们通常所说的二维表,分为行和列,每一行称为一条记录,每一列称为一个字段,表中的列是固定的,可变的是行。通常在列中指定数据的类型,在行中添加数据,即每次添加一条记录,就添加一行,而不是添加一列。对数据库的操作可以概括为在数据库中查找、新增、删除、修改数据,其中,查找功能最为复杂。数据库编程是指在应用程序中使用数据库管理系统(DBMS)进行数据存储、检索和处理的过程。

　　关系数据库是一种基于关系模型的数据库系统,使用表(表格)来存储和组织数据。每个表由多个行(记录)和列(字段)组成。关系数据库使用结构化查询语言(Structured Query Language,SQL)进行数据操作和查询。常见的关系数据库管理系统包括 MySQL、Oracle 和 Microsoft SQL Server 等。MySQL 社区版是可供个人用户免费下载的开源数据库,个人用户可以进入 MySQL 官网下载安装,在安装过程中还可以选择安装数据库管理和开发工具 MySQL Workbench。

任务一　SQL 语言

SQL 语言是一种十分重要的标准关系数据库语言。它是集数据定义、数据查询、数据操纵和数据控制功能于一体的语言,其主要功能是数据查询。

一、创建数据库

创建数据库是进行数据管理的基础。在 MySQL Workbench 中使用 SQL 语句进行数据库创建,其语法格式如下:

```
CREATE DATABASE 数据库名
```

【例 14-1】　在 MySQL Workbench 中创建一个名为"MyDB"的数据库,如图 14-1 所示。

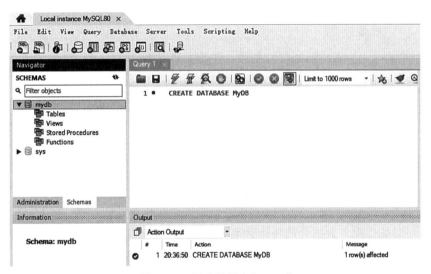

图 14-1　创建数据库"MyDB"

二、创建数据表

创建好数据库后,需要在其中创建不同的数据对象,如表、视图、触发器等。创建数据表的语法格式如下:

```
CREATE TABLE table_name(
    <列名 1><数据类型>
    <列名 2><数据类型>
    ...
);
```

其中,表名 table_name 是必需的,表示用户要创建的新表名称;在圆括号中定义表的各列,需定义列名、数据类型、长度,各列之间用逗号分隔。

【例 14-2】 在 MySQL Workbench 中创建一个名为"students"的数据表,包含学号 pNo、姓名 pName、性别 pGender、年龄 pAge、成绩 pScore 字段,如图 14-2 所示。

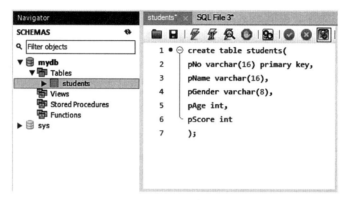

图 14-2 创建数据表"students"

其中,primary key 表示该字段为主键。主键是指表中的某一列,该列的值唯一标识一行,每个表必有且仅有一个主键。varchar 定义数据类型为字符型。

三、数据的插入

没有数据记录,只有结构的数据表称为空表。可以随时向空表插入数据记录,也可以随时向已经存在数据记录的数据表追加新的数据记录。SQL 中的基本插入语法格式如下:

INSERT INTO <表名>[(列名)]VALUES(表达式)

其中,列名是要插入数据表的每个列名,各列名之间用逗号分隔,如果省略则表示所有列;表达式是要插入的各列值,各列值之间用逗号分隔,顺序和数据类型必须与表列一致,表达式可以是常量、变量、函数或运算式。

【例 14-3】 在 MySQL Workbench 中为"students"的数据表插入 6 条记录,内容如表 14-1、图 14-3 所示。

表 14-1 "students"的数据表记录

pNo	pName	pGender	pAge	pScore
20220201	欧房楠	男	20	89
20220202	王僖芙	女	21	76
20220203	黄苗珍	女	22	93
20220204	李晓明	男	19	86
20220205	王平	女	18	80
20220206	黄建设	男	20	79

图 14-3　"students"的数据表记录

四、数据的更新

SQL 中的 UPDATE 语句可以用于修改数据表中的数据,其语法格式如下:

```
UPDATE <表名> SET 列名 = <表达式>
[WHERE <条件表达式>]
```

【例 14-4】　在 MySQL Workbench 中将"students"表中"黄茁珍"的年龄改为 23,如图 14-4 所示。

图 14-4　将"students"表中"黄茁珍"的年龄改为 23

五、数据的删除

SQL 中的 DELETE 语句可以用于删除数据表中的数据,其语法格式如下:

```
DELETE FROM <表名> [WHERE <条件表达式>]
```

【例 14-5】　在 MySQL Workbench 中将"students"表中"黄建设"的数据行删除,如图 14-5 所示。

图 14-5　将"students"表中"黄建设"的数据行删除

六、数据的查询

查询是数据库最基本和最重要的操作,SQL 中数据查询的语法格式如下:

```
SELECT [DISTINCT] *|列名
FROM <表名>
[WHERE <条件表达式>]
[ORDER BY <列名> ASC|DESC,……]
[GROUP BY <列名> [HAVING 条件表达式]]
```

其中,[DISTINCT]表示指定不重复的所有行; * 表示输出所有列;[ORDER BY]表示指定排序列名;[GROUP BY]可指定按列名分组。

1. 查询所有字段

当需要查询指定表的所有字段时,可以用星号(*)来代替所有字段名。

【例 14-6】 在 MySQL Workbench 中查询"students"表所有数据。

```
select * from students
```

运行结果如图 14-6 所示。

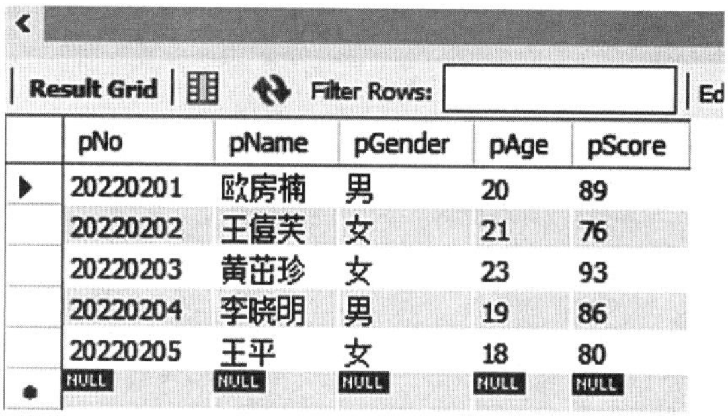

图 14-6 [例 14-6]运行结果

2. 查询数据表的指定列

查询指定列时应将要查询的字段名依次写在 SELECT 关键字之后,并用逗号分隔。

【例 14-7】 在 MySQL Workbench 中查询"students"表"pNo""pName""pScore"三列数据,并将查询结果中的列名修改为"学号""姓名""成绩"。

```
select pNo AS 学号,pName AS 姓名,pScore AS 成绩
from students
```

运行结果如图 14-7 所示。

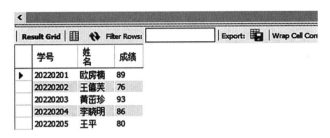

图 14-7　［例 14-7］运行结果

3. 查询结果排序输出

使用 ORDER BY 子句可以使输出信息按指定字段值的大小排序,系统默认是按升序排列,但是还可以使用 ASC 指定按升序排列,使用 DESC 指定按降序排列。

【例 14-8】　在 MySQL Workbench 中查询"students"表,要求按照年龄由小到大排序,年龄相同时再按成绩由大到小排序。

```
select * from students
order by pAge asc,pScore desc
```

运行结果如图 14-8 所示。

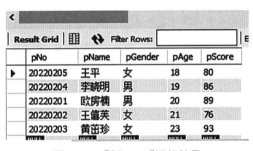

图 14-8　［例 14-8］运行结果

4. 条件查询

使用 WHERE 子句按给定条件进行查询,可以筛选出满足指定条件的数据。设置条件时用到的条件运算符,如表 14-2 所示。

表 14-2　　　　　　　　　　　　　　　　　条件运算符

运算符号	描述	运算符号	描述
=,>,<,>=,<=,! =,<>	比较运算	AND,OR,NOT	逻辑运算

【例 14-9】　在 MySQL Workbench 中查询"students"表中成绩大于 80 分的女生。

```
select * from students
where pScore>80 and pGender = '女'
```

运行结果如图 14-9 所示。

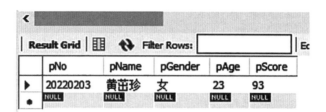

图 14-9　[例 14-9]运行结果

5. 分组查询

在实际工作中经常需要对表中的各个部分分别进行查询或统计,这就需要用到分组查询。

【例 14-10】　在 MySQL Workbench 中统计"students"表中不同性别学生总平均分。

```
select pGender,avg(pScore) from students
group by pGender
```

运行结果如图 14-10 所示。

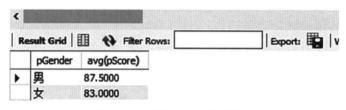

图 14-10　[例 14-10]运行结果

任务二　Python 数据库编程

Python 没有自带对 MySQL 数据库的支持,需要另外安装,进入 Python 安装目录的 scripts 子目录,输入以下代码进行安装:

```
pip install pymysql
```

安装完成后,在 Python 中就可以使用 import pymysql 这个模块驱动 MySQL 数据库。

一、连接数据库

在进行数据库编程之前,需要建立与数据库的连接。连接数据库的过程包括指定数据库的位置、认证身份和建立连接对象。Python 连接 MySQL 数据库的方法如下:

```
con = pymysql.connect(
    host ='localhost',port = 3306,
    user ='root',password ='root',
    db ='mydb',charset ='utf8'
)
```

其中,connect 是 pymysql 的连接函数,user、password 是 MySQL 中的用户名和密码,db=' mydb '是 MySQL 数据库名称,在连接之前需要在 MySQL 中建立名为"mydb"的数据库。

二、操作数据库

连接数据库后,可以使用 execute()函数执行 SQL 语句,包括创建表、插入数据、查询数据、更新数据和删除数据等。Python 操作数据库的主要步骤如下:

(1)创建游标对象,可以执行 SQL 语句。

```
cursor = con.cursor()
```

(2)使用 cursor 中的 execute()函数执行 SQL 语句。

```
cursor.execute(sql)
```

(3)操作完数据库后调用 commit()函数提交所有的操作,把更新写入数据库文件。

```
con.commit()
```

(4)关闭游标对象和数据库连接。

```
cursor.close()
con.close()
```

三、查询数据

如果要查询数据库表的数据则需要使用 SQL 的 select 命令,执行完 SQL 命令后还需要使用 fetchall()函数读取所有的行,再使用 for 语句循环取出每一行。

【例 14-11】 查询"students"表所有数据。

```
import pymysql

#  建立数据库连接
con = pymysql.connect(
    host ='localhost',port = 3306,
    user ='root',password ='root',
```

```
        db = 'mydb', charset = 'utf8'
)
#   创建游标对象
cursor = con. cursor()

#   调用连接对象的 execute()函数,执行 SQL 语句
sql = "SELECT * FROM students"
cursor. execute(sql)

#   获取查询结果
results = cursor. fetchall()

#   处理查询结果
for row in results:
    print(row)

#   更新数据库内容
con. commit()
#   关闭游标对象和数据库连接
cursor. close()
con. close()
```

运行结果如下:

```
('20220201', '欧房楠', '男', 20, 89)
('20220202', '王僖芙', '女', 21, 76)
('20220203', '黄苗珍', '女', 23, 93)
('20220204', '李晓明', '男', 19, 86)
('20220205', '王平', '女', 18, 80)
```

四、数据的新增与修改

【例 14-12】 在"students"表中新增表 14-3 中有关"黄建设"的数据,并修改"黄苗珍"的年龄为 22。

表 14-3   新增数据内容

pNo	pName	pGender	pAge	pScore
20220206	黄建设	男	20	79

```
import pymysql

# 建立数据库连接
con = pymysql.connect(
    host ='localhost',port = 3306,
    user ='root',password ='root',
    db ='mydb',charset ='utf8'
)
# 创建游标对象
cursor = con.cursor()

# 调用连接对象的 execute()函数,执行 SQL 语句
cursor.execute("insert into students values ('20220206','黄建设','男',20,79)")
cursor.execute("update students set pAge = 22 where pName ='黄茁珍'")
cursor.execute("SELECT * FROM students")

# 获取查询结果
results = cursor.fetchall()

# 处理查询结果
for row in results:
    print(row)

# 更新数据库内容
con.commit()
# 关闭游标对象和数据库连接
cursor.close()
con.close()
```

运行结果如下:

```
('20220201', '欧房楠', '男', 20, 89)
('20220202', '王偌芙', '女', 21, 76)
('20220203', '黄茁珍', '女', 22, 93)
('20220204', '李晓明', '男', 19, 86)
('20220205', '王平', '女', 18, 80)
('20220206', '黄建设', '男', 20, 79)
```

拓展阅读

你被大数据"杀熟"了吗

某公司员工小王每天上下班,都使用手机 App 约车,这样可以避免上下班高峰打不到车的尴尬,而他的上司李总平常都选择自驾上下班。有一天,小王和李总一起打车去机场,两个人同时使用同一个软件叫车,小王发现自己的打车费却比李总手机 App 上显示的打车费要贵一些,小王想到是不是大数据在"杀熟"。

那么,大数据是如何"杀熟"的,面对存在于我们身边的各种"杀熟"平台,消费者应该如何应对?

为此,小王通过实践发现:通过手机 App 打车,平台每次都会记录自己的行程、时间、路线等数据,但是如果换一个平台打车,在多个平台中进行"周旋",则能获得最大的优惠。

在买与卖的这场智斗中,消费者"买买买"是需要一些技能的,相较传统购物的"货比三家"仍然适用。大家在消费时要查询不同平台的价格,对高频使用的平台停用几天,它会用更优惠的价格"讨好"你。

知行合一

如今,国家相关部门也已经出台政策,提出经营者不得利用数据、算法等技术手段,通过收集、分析对方的交易信息、浏览内容及次数、交易时使用的终端设备的品牌及价值等方式,对条件相同的交易向不同消费者不合理地提供不同的交易信息,侵害对方的知情权、选择权、公平交易权等,扰乱市场公平交易秩序。相信随着大数据技术的不断完善,"杀熟"现象将会逐渐减少。

课后练习

一、选择题

1. 有学生表 Student(Sno char(8),Sname char(10),Ssex char(2),Sage integer,Dno char(2),Sclass char(6))。要检索学生表中"所有年龄小于等于 18 岁的学生的年龄及姓名",下列 SQL 语句正确的是(　　　)。

A. Select Sage,Sname From Student

B. Select * From Student Where Sage <=18

C. Select Sage,Sname From Student Where Sage <=18

D. Select Sname From Student Where Sage <=18

2. INSERT INTO Goods(Name,Storage,Price) VALUES(' Keyboard ',3000,90)的作用是(　　　)。

A. 添加数据到一行中的所有列

B. 插入默认值

C. 添加数据到一行中的部分列

D. 插入多个行

3. 下列数据的删除语句，在运行时不会产生错误信息的选项是(　　)。

  A. Delete * From A Where B='6'

  B. Delete From A Where B='6'

  C. Delete A Where B='6'

  D. Delete A Set B='6'

4. 假设关系数据库中有一个表 S 的关系模式为 S(SN,CN,GRADE)，其中 SN 为学生名，CN 为课程名，两者为字符型；GRADE 为成绩，数值型，取值范围为 0~100。若要将"王二"的化学成绩改为 85 分，以下语句正确的是(　　)。

  A. UPDATE S SET GRADE=85 WHERE SN='王二' AND CN='化学'

  B. UPDATE S SET GRADE='85' WHERE SN='王二' AND CN='化学'

  C. UPDATE GRADE=85 WHERE SN='王二' AND CN='化学'

  D. UPDATE GRADE='85' WHERE SN='王二' AND CN='化学

二、操作题

  有一个表格 books，表的结构为：books(bookid char(6),bookname char(40),booktype char(20),author char(20),price decimal(8,2))，各字段含义分别是：书号、书名、图书类别、作者、价格。分析并写出各段代码所能完成的查询功能。

  (1) SELECT *

    FROM books

    WHERE booktype='中国历史'

  (2) SELECT bookid,bookname,author,price

    FROM books

    Where bookname like '%SQL Server%'

  (3) SELECT booktype,count(*)

    FROM books

    GROUP BY booktype

参考文献

［1］李良.Python 数据分析与可视化［M］.北京:电子工业出版社,2021.

［2］黄红梅,张良均.Python 数据分析与应用［M］.北京:人民邮电出版社,2018.

［3］翟萍.Python 程序设计［M］.北京:清华大学出版社,2020.

［4］程淮中,王浩.财务大数据分析［M］.上海:立信会计出版社,2022.

［5］黄锐军.Python 程序设计［M］.北京:高等教育出版社,2018.

［6］肖锋.Python 商业数据分析基础［M］.长沙:湖南大学出版社,2021.

［7］潘中建,刘颖.Python 大数据分析［M］.兰州:兰州大学出版社,2023.

［8］李建军.大数据应用基础［M］.北京:人民邮电出版社,2022.